Pocket Power

Claudia Kostka

# Change Management

Wandel gestalten und
durch Veränderungen führen

HANSER

Bibliografische Information der Deutschen Nationalbibliothek
Die Deutsche Nationalbibliothek verzeichnet diese Publikation in der Deutschen Nationalbibliografie; detaillierte bibliografische Daten sind im Internet über http://dnb.d-nb.de abrufbar.


http://www.hanser-fachbuch.de

Lektorat: Lisa Hoffmann-Bäuml
Herstellung und Satz: Kösel Media GmbH, Krugzell
Umschlaggestaltung: Parzhuber & Partner GmbH, München
Umschlagrealisation: Stephan Rönigk
Druck und Bindung: Kösel, Krugzell
Printed in Germany

ISBN 978-3-446-45204-6
E-Book-ISBN 978-3-446-45279-4

# Inhalt

# Einleitung

Willkommen in der schönen neuen Welt der Veränderung. Digitalisierung, Elektroauto, Energiewende und Industrie 4.0 fordern dazu auf, Vertrautes zu verabschieden und sich auf unbekanntes Terrain zu wagen. Keiner scheint sich diesem Trend entziehen zu können. Doch nicht jeder muss alles verändern. Vielmehr gilt es, Veränderungsprozesse in die Organisationsabläufe als „festen" Bestandteil zu integrieren.

Im Kern folgt jede Veränderung grundsätzlichen Prinzipien und kann mit einfachen Methoden und umsichtiger Führung gestaltet werden. Es braucht ein klares Zielbild, ein kompetentes Team, gemeinsame Gestaltungsräume, regelmäßigen (agilen) Austausch und Reflexion.

Es ist kein Geheimnis, dass erfolgreiche Organisationen von charismatischen Personen geführt werden, die mit vollem Herzen ihrer Vision folgen und ihre Mitarbeiter immer wieder dafür begeistern. Sie stecken Etappenziele, um Erfolgserlebnisse zu schaffen. Das wiederum motiviert für die nächsten Schritte. Gemeinsam und auf Augenhöhe lassen sich so neue Wege finden und beharrlich gehen.

Bereits Sokrates wusste: „Der Schlüssel zum Wandel liegt darin, all seine Energie zu fokussieren, nicht darauf, das Alte zu bekämpfen, sondern darauf, Neues zu erschaffen." Lassen Sie sich nicht von anderen in unproduktiven Aktionismus treiben, sondern bestimmen Sie selbst, was das Neue ist. Sie sind der Schöpfer Ihrer Welt.

Für alle, die spüren, dass es Zeit ist, zu handeln und die Zukunft mitzugestalten, statt sich von Trends paralysieren zu lassen, gibt es in diesem Pocket Power fundiertes Wissen und nützliches Handwerkszeug zur umsichtigen Gestaltung Ihrer Veränderungsvorhaben.

# Grundlagen Change Management

## WORUM GEHT ES?

**Change Management** bedeutet, Veränderungsprozesse in Organisationen ganzheitlich und kontinuierlich zu gestalten, in Gang zu setzen, zu realisieren, zu reflektieren und zu verankern. Dabei gilt es, das Ganze im Blick zu haben und jeden Einzelnen in seine Potenziale zu führen.

Ziel ist das Entwickeln einer lebendigen (agilen) Organisation, in der eine insgesamt zielorientierte und wertschätzende Kultur des Miteinanders zu einer nachhaltigen Wertschöpfung führt. Das Motto lautet: **Wertschöpfung durch Wertschätzung.**

Dafür ist sowohl der **Übergang** von einem unbefriedigenden **Ausgangszustand** zu gemeinsam getragenen Ergebnissen auf dem Weg zu einem idealen **Zielzustand** (Transition) als auch das **Begleiten** der einzelnen **Menschen** durch ihre **individuellen Lernprozesse** (Transformation) zu **gestalten.**

Sich schnell ändernde Rahmenbedingungen erfordern eine höhere Flexibilität aller Abläufe und jedes Einzelnen. Für die Gestaltung neuer Wege braucht es daher:

- Raum zur Reflexion der aktuellen Situation,
- ein richtungsweisendes Zielbild (Vision),
- Zeit für regelmäßigen Austausch auf Augenhöhe,
- Platz für unterschiedliche Sichtweisen, Dialog und Feedback,
- Möglichkeiten zur kreativen Lösungsfindung,
- klare Rollen und einfache Entscheidungsstrukturen,
- wertschätzende und (selbst)bewusste Führung.

Menschen sind soziale Wesen, die für Veränderungen Raum zur Reflexion des eigenen Verhaltens als auch Zeit zur Integration neuer Gewohnheiten brauchen.
Wichtig ist dafür das Gestalten von agilen Kommunikationsschleifen, die sich durch die gesamte Organisation ziehen. In kurzen Zyklen können so gemeinsam Lösungen entwickelt, Entscheidungen in überschaubarem Rahmen getroffen und geplante Maßnahmen schnell auf Wirksamkeit überprüft werden.

Organisationen bestehen in erster Linie aus Menschen und sind daher komplexe (lebendige) Systeme, die auf jede Veränderung auf ihre Weise reagieren. In Zukunft wird es darauf ankommen, die traditionellen Strukturen in agile Netzwerke, bestehend aus kleinen selbst organisierten Teams, zu überführen. Jeder muss dafür lernen, adäquat mit Veränderungen umzugehen und seine Rolle verantwortungsbewusst auszufüllen. Im Zentrum aller Gestaltungsaktivitäten steht der Mensch. Es gilt, immer wieder das Bewusstsein für die eigenen Veränderungspotenziale zu schärfen. **Jeder Einzelne ist Teil der Veränderung.** Entscheidend ist dabei, wie wertschätzend der Umgang miteinander ist. **Wertschätzung ist der Schlüssel für Wertschöpfung.**

## WAS BRINGT ES?

Change Management hat einen Anfangspunkt und eine Zielrichtung, wird aber nie zu Ende sein, denn es gilt, den dauernden Entwicklungsprozess einer agilen, sich ständig verbessernden und lernenden Organisation zu gestalten. Meisterschaft wird nur durch regelmäßiges Reflektieren und ständiges Verbessern erzielt.

Das Spektrum der Veränderungsinhalte reicht dabei von der strategischen Ausrichtung über die kontinuierliche Vereinfachung von Prozessen bis zur Persönlichkeitsentwicklung jedes Einzelnen. Wie jede Persönlichkeit hat auch jede Organisation ihre eigene Ausprägung und ihr eigenes Entwicklungspotenzial.

Das Wort **Change** (englisch „ändern“ oder „Änderung“) meint hier das Verändern von Gewohnheiten. Es geht dabei um grundlegende Verhaltensänderungen, z. B. wie man in Organisationen gemeinsam Ziele erreicht, Hindernisse überwindet, miteinander respektvoll kommuniziert und zusammenarbeitet. Es meint auch, auf welche Weise man Produkte entwickelt, produziert und vertreibt.

Die Herausforderung ist es, nicht mehr taugliche Verhaltensmuster in funktionale zu verwandeln sowohl bei Einzelnen als auch solchen der gesamten Organisation. Dabei ist es irrelevant, ob die Veränderung aus der digitalen oder der realen Welt kommt.

Der Begriff **Management** wurde im Zuge der Industrialisierung um 1885 geprägt und kommt vom lateinischen *manus agere*, was so viel bedeutet wie „an der Hand führen“ oder vom französischen *ménagement*, was man übersetzen kann mit „etwas mit Aufmerksamkeit tun“ oder „Ordnung herstellen“. Management ist somit Führen von Menschen bei gleichzeitigem Steuern von Organisationen und deren Abläufen. Wesentlicher Inhalt ist das kreative Lösen von Problemen aller Art und Beseitigen von Hindernissen auf dem Weg zum Ziel.

Im März 1995 präsentierte eine Veröffentlichung von Scott Whelehan „Change Management“ als „Soft Side“ des Business Process Reengineering und neue „Consulting-Methode“. Beim Übertragen von komplexen Abläufen in neue

IT-gesteuerte Strukturen waren folgende drei Aspekte deutlich geworden:

- Erstens wird das Detailwissen der in den Prozessen tätigen Menschen benötigt.
- Zweitens wird das kreative Potenzial der Mitarbeiter für die Digitalisierung der Abläufe benötigt.
- Drittens brauchen die Betroffenen Zeit für die Reflexion und Veränderung der Abläufe.

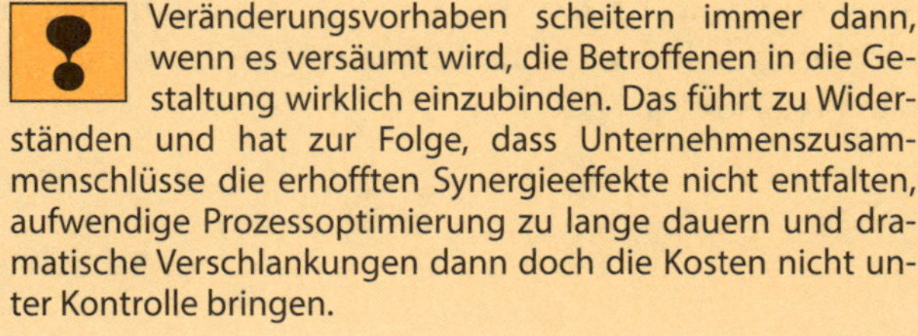

Veränderungsvorhaben scheitern immer dann, wenn es versäumt wird, die Betroffenen in die Gestaltung wirklich einzubinden. Das führt zu Widerständen und hat zur Folge, dass Unternehmenszusammenschlüsse die erhofften Synergieeffekte nicht entfalten, aufwendige Prozessoptimierung zu lange dauern und dramatische Verschlankungen dann doch die Kosten nicht unter Kontrolle bringen.

Dass Veränderungen der Organisationsstrukturen gemeinsam mit den betroffenen Mitarbeitern zu mehr Zufriedenheit bei gleichzeitiger Leistungssteigerung führen können, hatte bereits der Soziologe George Elton Mayo (1880–1949) im Zuge der sogenannten Hawthorne-Experimente bei der Western Electric in den 1920er-Jahren belegt. Der Sozialpsychologe Kurt Lewin (1898–1947) schaffte in den 1940er-Jahren mit der Aktionsforschung und Gruppendynamik die Basis für die systemische Organisationsentwicklung. Daraus sind Methoden zum Begleiten von Veränderungsprozessen hervorgegangen (wie z. B. Moderationsmethode).

Das von Taiichi Ōno (1912–1990) in den 1950er-Jahren entwickelte Kaizen (japanisch 改 *kai* = „Veränderungen“ und

善 *zen* = „meistern“) kam in den 1980er-Jahren in den Westen und lieferte ebenfalls entscheidende Impulse, die sich heute im Lean und Scrum Management wiederfinden. So verbinden sich im **Change Management** nicht nur Psychologie, Soziologie sowie Wirtschafts- und Ingenieurwissenschaften, sondern ebenso östliche und westliche Philosophie.

## WIE GEHE ICH VOR?

Veränderungen sind zunächst Übergänge, die von einem **Anfangszustand** (Ist-Zustand) über einen (noch unbekannten) **Weg** einen idealen wünschenswerten **Zielzustand** (Soll-Zustand) anstreben (Bild 1).

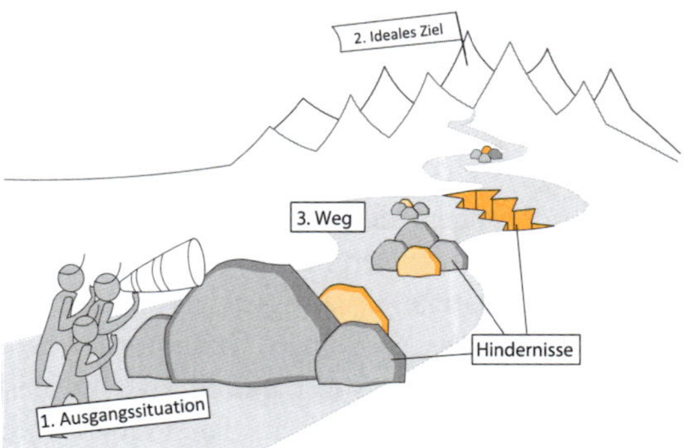


**Bild 1:** *Ausgangssituation, Ziel und Weg*

Jedes Verlassen gewohnter Wege ist eine Herausforderung, denn man muss sich auf **Unbekanntes** einlassen und **Risiken** eingehen. Da Organisationen aus mehreren Menschen bestehen, die sich immer wieder einigen müssen, um die geeigneten Schritte aufeinander abzustimmen, ergeben sich gleich drei schwierige Handlungsfelder:

1. Die **Ausgangssituation** einer Organisation **ist nie völlig klar**, wird von verschiedenen Menschen unterschiedlich wahrgenommen und bleibt nie im gleichen Zustand. Organisationen sind lebendige Systeme, die ständig in Bewegung sind. Daher muss die Ist-Situation immer wieder reflektiert und abgestimmt werden.
2. Der **Zielzustand** liegt in der Zukunft. Keiner kann mit Sicherheit sagen, dass er wirklich erreicht wird. Da man an seinen Zielen jedoch gemessen wird, werden sie häufig **nicht klar formuliert** und **nur wage kommuniziert**. Man traut es sich nicht zu oder glaubt nicht daran. Und selbst wenn das Ziel anschaulich formuliert ist, wird es von jedem Menschen anders verstanden.
3. **Unsicherheit über die Weggestaltung.** Unterwegs kann eine Menge dazwischenkommen. Es lauern viele Gefahren auf der Strecke, für das Vorhaben und den Einzelnen. Die erste Hürde besteht darin, sich auf einen **gemeinsamen Weg** zu einigen und diesen dann auch **konsequent** zu **gehen**. Hier sind Überzeugungskraft, Beharrlichkeit und Durchhaltevermögen gefragt, denn auf diesem Weg müssen Probleme gelöst und Gewohnheiten verändert werden. Der Weg der kleinen Schritte scheint dabei sicherer und schneller zu Erfolgen zu führen, als mit großen Sprüngen abkürzen zu wollen. Grundsätzlich ist bei jedem Schritt immer wieder zu prüfen, **wo man steht und wohin man gehen möchte.**

## 1. Der Situation ins Auge schauen

Wir können es nennen, wie wir wollen, *Herausforderungen, Chancen, Ideen …* Am Anfang einer Veränderung steht immer ein (komplexes) **Problem**, das es zu lösen gilt. Aufgrund unserer psychologischen Reaktion gibt es hier fünf typische Herausforderungen:

- **Sofort losrennen (Ad-hoc-Handlungen):** Es wird weder der Ist-Zustand betrachtet noch das Ziel definiert. Hauptsache, man tut etwas. Das ist Aktionismus.
- **In der Analyse- und Planungsphase verharren:** Auf der Suche nach der Eier legenden Wollmilchsau wird keine Entscheidung getroffen. Das ist Perfektionismus.
- **Die Lösung im Außen suchen:** Man holt sich externe Experten, die den Ist-Zustand aus ihrer Sicht beschreiben. Das kann teuer bezahltes Expertentum sein.
- **Das Problem nicht wahrhaben wollen:** Festhalten an Gewohntem und so lange wie möglich alles verdrängen, als wäre es nicht vorhanden. Das ist Ignorantentum.
- **Den Schuldigen suchen:** Statt nach Lösungen zu suchen, wird jemand zur Rechenschaft gezogen. Bei anstehenden organisatorischen Veränderungen ist das eher Schuldschieberei und der Beginn von Machtspielen.

Jedes Problem enthält seine eigene und einzigartige Lösung. Egal, ob Sie einen Garten oder eine Organisation neu gestalten möchten, in jedem Fall muss die Ausgangssituation geklärt werden.
Legen Sie sich einen Zeitrahmen für die Beschreibung der Ist-Situation fest und definieren Sie die wichtigsten Handlungsschwerpunkte. Dafür sind im ersten Schritt **keine externen Experten** notwendig.
Sie, Ihre Kollegen und Mitarbeiter sind diejenigen, die wissen, wo der Schuh drückt. Setzen Sie genau dort an, wo es immer wieder zu Schwierigkeiten kommt. In der Regel ist hier die Bereitschaft für Veränderung am größten.

## 2. Das Ziel ins Visier nehmen

Bei Veränderungsvorhaben geht es nicht um die Sanierung der Vergangenheit, sondern um die Neuausrichtung und Gestaltung der Zukunft. Dafür braucht es ein Zielbild (eine Vision), wohin die Reise gehen soll. Innere und äußere Bilder strukturieren das Denken und lenken die Wahrnehmung. Menschen, die sich verändern und neue Strukturen erschaffen sollen, brauchen richtungsweisende Bilder als Kompass, sonst verirren sie sich (z. B. im Detail). Auch hier gibt es fünf typische Herausforderungen:

- **Die Bedeutung des Leitbildes ist nicht bewusst**
  Die richtungsweisende Kraft einer Vision wird häufig unterschätzt oder sogar belächelt. Sie ist entscheidend.
- **Fehlende Übung mit dem Entwickeln des Zielbildes**
  Ein mitreißendes Zukunftsbild braucht Vorstellungskraft, Fantasie, Intuition und Gespür für Trends.
- **Mangelnde Kommunikation des Leitbildes**
  Durch eine abgestimmte Kommunikation werden alle Aktivitäten in die entsprechende Zielrichtung fokussiert.
- **Fehlende Einigkeit über das Ziel**
  Alle Führungskräfte müssen das Vorhaben glaubwürdig vermitteln und gemeinsam einer Richtung folgen.
- **Fehlende Vorbildwirkung der Führungskräfte**
  Menschen orientieren sich am Vorbild. Was Führungskräfte vorleben, wird nachgeahmt. Es prägt die Kultur und ist die stärkste Form der Kommunikation. Positives Verhalten schafft Sicherheit und Glaubwürdigkeit.

Menschen sind nur bereit, sich für Neues zu engagieren, wenn ihnen das Vorhaben nützlich und durchführbar erscheint. Dafür muss das Zielbild (Vision) anschaulich, plausibel und glaubwürdig kommuniziert werden. Nur durch vorbildliches Führungsverhalten und ständiges gemeinsames Bemühen erhält die Vision Zugkraft.
„Sei du selbst die Veränderung, die du in der Welt sehen möchtest“, bringt Mahatma Gandhi es auf den Punkt.

## 3. Den Weg Schritt für Schritt gehen

Organisationen wurden lange Zeit eher mechanistisch betrachtet und wie Maschinen behandelt, die es zu reparieren gilt. Sie bestehen jedoch in erster Linie aus Menschen, die bei Veränderungen einen Lernprozess durchlaufen, der bei der Gestaltung des Weges berücksichtigt werden muss. Auch hier gibt es fünf typische Herausforderungen:

- **Fehlende Begeisterung für die Veränderungen**
  Veränderungsbedarf gibt es immer. Begeisterung jedoch wird nicht durch Zahlen erzeugt, sondern durch ein Bewusstsein für die anstehenden Veränderungen und die Überzeugungskraft, dass es sinnvoll ist.
- **Fehlende Kontinuität und zu viel auf einmal**
  Motivierte Mitarbeiter werden entmutigt, wenn dauernd neue Projekte aufgesetzt und nicht zu Ende geführt werden. Werden Probleme nicht an der Wurzel gepackt, sondern durch Ad-hoc-Maßnahmen noch verstärkt, entsteht Stress und alles bleibt beim Alten.
- **Keine kurzfristig sichtbaren Erfolge**
  Häufig wird es versäumt, kurzfristig sichtbare Zwischenziele mit den Beteiligten zu formulieren, immer wieder ab-

zustimmen und realisierte Erfolge entsprechend zu würdigen. Wenn es keinen Überblick über Ziele und Ergebnisse gibt, sinkt die Motivation und alles schläft wieder ein oder versandet.

- **Verfrühte Erklärung des Sieges**
  Der Veränderungsprozess wird oft verfrüht als abgeschlossen erklärt. An neu etablierten Prozessen wird nicht konsequent weitergearbeitet, erreichte Standards werden nicht mit Konsequenz verfolgt, erlahmen so, und alte Gewohnheiten gewinnen wieder die Oberhand.
- **Neues wird nicht verankert**
  Häufig werden Veränderungsprozesse euphorisch begonnen, Maßnahmen sogar konsequent zu Ende gebracht, aber nicht fortgesetzt. Man hat etwas Neues ausprobiert, war erfolgreich, freut sich und kehrt zur alten Gewohnheit zurück. Das neue Verhalten wird nicht konsequent vorgelebt und forciert.

Etablieren Sie neue (Veränderungs-)Gewohnheiten:

1. Schaffen Sie Raum, um das Problem zu klären.
2. Bilden Sie ein starkes Veränderungsteam.
3. Erschaffen Sie eine Vision.
4. Begeistern Sie Ihre Mitarbeiter dafür.
5. Sorgen Sie für kurzfristig sichtbare Erfolge.
6. Schaffen Sie Gestaltungsspielraum.
7. Reflektieren Sie regelmäßig den Fortschritt.
8. Bleiben Sie konsequent an Ihrem Vorhaben dran und leben Sie vor, was Sie erwarten.

# Acht Phasen der Transformation

## WORUM GEHT ES?

Der Mensch ist entwicklungs- und anpassungsfähig. Er liebt jedoch auch seine Gewohnheiten. Diese integrierten Handlungsmuster geben Sicherheit und erleichtern die Bewältigung des Alltags. Gewohnheiten sind Lösungen für vergangene Herausforderung der Alltagsbewältigung.

Die Konfrontation mit Unbekanntem führt zunächst zu Verteidigungsstrategien. Für die neue Situation gibt es keine abrufbare Verhaltensroutine. Daher wird zur Abwehr der Bedrohung auf (ur)alte Abwehrmuster zurückgegriffen, statt sich der Situation neutral zu widmen.

Jeder Veränderung liegt daher ein fundamentaler Lernprozess zugrunde, bei dem störende in funktionale Verhaltensweisen transformiert werden müssen. Dafür braucht es Einsicht, Erkenntnis und Wiederholung. Dieser Prozess der Transformation vollzieht sich in acht Phasen (Bild 2).

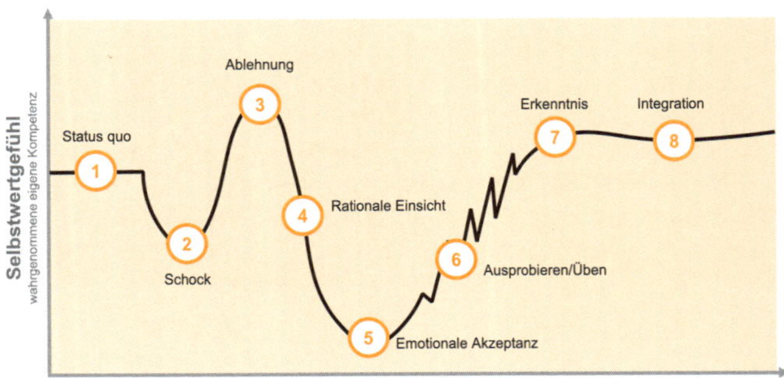


**Bild 2:** *Phasen von Veränderungsprozessen*

Durch die wechselnde Ausprägung der wahrgenommenen eigenen Kompetenz und des damit verbundenen Selbstwertgefühls spannt sich über einen zeitlichen Verlauf eine Stimmungskurve auf, die in Bild 2 dargestellt ist.

1. **Status quo: Die Macht der Gewohnheit**
   Gewohnheiten leiten uns durch den Alltag. Die sind integrierte Handlungsmuster, die Sicherheit verleihen und hoch effizient im Nervensystem verankert sind.
2. **Schock: Die Angst vor dem Unbekannten**
   Die Konfrontation mit etwas Unbekanntem löst unmittelbar eine Stressreaktion aus. Der Körper wird zur Höchstleistung aktiviert, um die Existenz zu sichern.
3. **Ablehnung: Die Bewältigung der Bedrohung**
   Daraus resultieren uralte Verteidigungsstrategien, mit denen wir die Bedrohung **nicht wahrhaben**, sie **abwehren**, **verharmlosen** oder ihr **entfliehen** wollen. Alle Reaktionen dienen zum Stabilisieren des Selbstwertgefühls.
4. **Rationale Einsicht: Die Einsicht in die Notwendigkeit**
   Nur mit Abstand und bewusster Wahrnehmung kann die Notwendigkeit zur Veränderung erkannt werden. Das Selbstwertgefühl sinkt, denn es gibt keine Handlungsstrategien. Die anderen sollen sich verändern.
5. **Emotionale Akzeptanz: Die Möglichkeit zur (Neu-) Entscheidung**
   Die entscheidende Wendung findet nur statt, wenn akzeptiert wird, dass jeder selbst Teil der Lösung ist und etwas Gewohntes verabschiedet und etwas Neues gelernt werden muss. Veränderung ist möglich.
6. **Ausprobieren/Üben: Der (An-)Reize des Neuen**
   Sich auf Neuland zu begeben, ist mit Risiken verbunden. Fehler können das Überleben gefährden. Versuch und Irr-

tum zeichnen den Weg. Mut ist gefragt. Dafür braucht es ein gutes reizvolles Ziel.

7. **Erkenntnis: Das Glücksgefühl des Erfolges**
   Beim Ausprobieren wird geprüft, was funktioniert. Das erweitert das Bewusstsein und den Handlungsspielraum. Irgendwann kommt das Glücksgefühl des Aha-Erlebnisses. Dann ist der neue Weg geebnet.
8. **Integration: Die Kraft der Wiederholung**
   Das Glücksgefühl des ersten Erfolges motiviert zur Wiederholung. Durch ständiges Wiederholen werden die neuen Verhaltensweisen integriert. Das Selbstwertgefühl wächst.

Lernen beginnt mit Beobachten und Wahrnehmen, sodass Zusammenhänge begriffen und erkannt werden können. Nur mit etwas Abstand wird es möglich (Bild 3),

- die Situation so, wie sie gerade ist, zu akzeptieren und zu verstehen,
- den anderen Menschen wirklich zuzuhören und sich in sie hineinzuversetzen,
- sich der eigenen Verhaltensweisen bewusst zu werden und bereit für neue Wege zu sein.

Unser **Selbstwertgefühl** bestimmt darüber, wie wir mit Problemen umgehen. Es liegt an unserem grundsätzlichen Verhalten, unseren Reaktionsmustern und unseren Gewohnheiten, ob und wie wir Veränderungen meistern.

**Bild 3:** *Selbst, andere und Situation verstehen*

## WAS BRINGT ES?

Jede Verhaltensänderung ist ein emotionaler Reifungsprozess, der in typischen Phasen abläuft. Durch die wechselnde Ausprägung der wahrgenommenen eigenen Kompetenz und des damit verbundenen **Selbstwertgefühls** spannt sich über einen zeitlichen Verlauf eine Stimmungskurve auf, die in Bild 2 dargestellt ist. Die Ursprünge dieser Kurve gehen auf die **Lerntheorie der Erkenntnis** des Gestaltpsychologen Wolfgang Köhler (1887–1967) zurück. Virginia Satir (1916–1988), die Begründerin der systemischen Familientherapie, meinte, dass eine Person, die gelernt hat, sich selbst wertzuschätzen, in der Lage ist, alle Probleme mit Respekt für die Freiheit des jeweils anderen zu lösen. Sie hatte typische **Verteidigungsstrategien** beobachtet, die zu störendem Verhalten führen. Bei der Transformation in angemessenes Verhalten müssen zunächst unbewusste Verhaltensmuster ins Bewusstsein gerückt werden. Dafür verwendete sie bereits Anfang der 1950er-Jahre unkonventionelle Mittel, unter anderem das Familienstellen. Über ihren umsichtigen Ansatz hielt sie unermüdlich weltweit Vorträge und Seminare. So fand der achtphasige Transformationsprozess Anfang der 1990er-Jahre Einzug in die systemische Organisationsentwicklung.

## 1. Status quo: Macht der Gewohnheit

Gewohnheiten steuern unbewusst unser Leben. Die meisten Entscheidungen in unserem Alltag sind das Resultat gewohnter Denkmuster. Das Gehirn unterscheidet dabei nicht zwischen guten und schlechten Gewohnheiten. Gewohnheiten helfen uns, den Alltag zu bewältigen.

Die Konfrontation mit Neuem erfordert Aufmerksamkeit und Konzentration. Konditioniertes Verhalten ist deshalb schwer zu ändern (auch wenn man es sich fest vorgenommen hat), weil viele Entscheidungen getroffen werden müssen, während sich neue Nervenverbindungen knüpfen. Das kostet Energie. Also versucht das Gehirn, auf Bewährtes zurückzugreifen. Gewohnheiten sind sowohl stoffwechselbiologisch als auch neuronal billig.

## 2. Schock: Angst vor dem Unbekannten

Treten unerwartete Situationen auf, für die wir nicht sofort eine adäquate Handlungsmöglichkeit haben, setzt sich ein Überlebensmechanismus in Gang, der mit starken emotionalen Reaktionen verbunden ist. Unser Gehirn nimmt die unbekannte Situation als Bedrohung wahr. Die Natur hat es zu unserer Existenzsicherung so eingerichtet, dass wir blitzartig auf physiologische Höchstleistung kommen. Der Physiologe Walter B. Cannon (1871–1945) bezeichnete das als **Kampf- oder Fluchtreaktion**.

## 3. Ablehnung: Bewältigung der Bedrohung

Der durch die Bedrohung gefühlte Kontrollverlust fördert das Bedürfnis, die verloren gegangene Sicherheit wiederherzustellen. Unbewusst setzen sich **Verteidigungsstrategien** in Gang. Reaktionen wie

- „Nicht-wahr-haben-Wollen" (Das kann nicht sein!),
- „Beschuldigen" (Die anderen sind schuld!),
- „Rationalisieren" (Das haben wir immer so gemacht!),
- „Beschwichtigen" (Es wird vorbeigehen!)

setzen ein.

Je mehr Handlungsstrategien zur Ablehnung zur Verfügung stehen und je stärker sie verankert sind, desto länger dauert die Abwehr an. **Widerstände** sind daher **die natürlichen Begleiter jeder Veränderung**. Im Widerstand ist viel Energie. Energie ist Leben, und wer lebt, kann lernen.

## 4. Rationale Einsicht: Einsicht in die Notwendigkeit

Die Notwendigkeit zur Veränderung führt zu einem sich zuspitzenden inneren Konflikt zwischen den alten Handlungsfähigkeiten und der neuen Situation. Erst mit etwas Abstand kann die aktuelle **Situation wahrgenommen** und allmählich besser verstanden werden. Dafür braucht es Raum und Austausch mit anderen. Die Einsicht, dass ein Problem vorliegt, für das es im Moment keine Lösung gibt, lässt die wahrgenommene eigene Kompetenz sinken.

## 5. Emotionale Akzeptanz: Möglichkeit zur (Neu-)Entscheidung

Schrumpft das Selbstwertgefühl auf ein Minimum kommt es zur inneren Krise (griechisch *krisis* „entscheidende Wendung"). Diese Phase ist mit Zweifeln, Verunsicherung, Niedergeschlagenheit und Orientierungslosigkeit verbunden. Hier wird entschieden, ob man gänzlich neue Wege geht oder sich zurück in die Abwehrstrategien begibt. Emotionale Akzeptanz meint das tiefe innere Annehmen einer Herausforderung, das Erkennen, dass die alten Handlungsmuster zur Bewältigung der aktuellen Situation nicht mehr funktionieren und Erneuerung notwendig ist. Erst wenn man akzeptiert, dass man selbst Teil der Lösung ist, kann Veränderung stattfinden. Am Wendepunkt braucht es ein Reiseziel und die Hoffnung, dass sich die bevorstehenden Anstrengungen des Weges lohnen.

## 6. Ausprobieren/Üben: (An-)Reiz des Neuen

Lernen auf der untersten Ebene ist Versuch und Irrtum. Bei wiederholtem Üben werden immer mehr Informationen gesammelt und auf Tauglichkeit geprüft. „Steter Tropfen höhlt den Stein", weiß der Volksmund. Egal, ob wir laufen, Klavier spielen oder Formeln lernen. Ausdauer ist für den Erfolg notwendig, und Misserfolge müssen ertragen werden. Man braucht Zeit für die Reflexion und Korrekturen. Mit jedem Schritt wird man besser und sicherer.

## 7. Erkenntnis: Glücksgefühl des Erfolges

Was in der Phase der emotionalen Akzeptanz beginnt, findet im **Heureka-Effekt** (griechisch „ich habe gefunden“) der Erkenntnis seinen Höhepunkt. Es ist eine erleichternde, emotionale Reaktion auf das spontane Er*kennen*; das Be*greifen* eines zuvor rätselhaften Vorgangs. Zumeist wird ein „Aha“ oder „Ach so“ ausgesprochen, begleitet von erleichtertem Ein- und Ausatmen. Man spricht auch von Katharsis (griechisch „die Reinigung“), der Befreiung von einem inneren Konflikt. Die immer wieder aufsteigenden negativen Emotionen verlieren ihre Wirkung, denn die neuen Möglichkeiten gewinnen an Form. Zusammenhänge werden erkannt und verstanden. Das Selbstwertgefühl steigt. Durch die neu geknüpften Verbindungen von Nervenzellen werden Botenstoffe freigesetzt, die das Glücksgefühl hervorrufen und zur Wiederholung ermutigen.

## 8. Integration: Kraft der Wiederholung

Wer ein Musikinstrument spielt, asiatische Kampftechniken oder Sprachen lernt, weiß, dass das Erwerben von Fähigkeiten Wiederholung braucht. Beim Erlernen neuer Verhaltensweisen werden durch ständiges Wiederholen immer mehr Informationen gesammelt. Wird das Neue zur Routine und braucht immer weniger Aufmerksamkeit. Die neue Kompetenz gräbt sich ins Unterbewusstsein, vollzieht sich automatisch und wird zur Gewohnheit.

Neulernen ist einfacher als das Verlernen alter Muster. Wie beim Bau eines neuen Straßenverlaufs hebt man zuerst Gräben aus und asphaltiert die neue Strecke. Anschließend muss die alte Strecke beseitigt werden. Bis darüber Gras gewachsen ist, vergeht einige Zeit.

## WIE GEHE ICH VOR?

Die acht Phasen der Transformation beschreiben einen Lernprozess von der Konfrontation mit Unbekannten über die Einsicht in die Notwendigkeit bis zur Bereitschaft, sich auf das Ungewisse einzulassen, Neues zu lernen und konsequent zu verankern. Diesen Prozess gilt es, zu gestalten.

1944 gründete Kurt Lewin das Research Center for Group Dynamics am Massachusetts Institute of Technology. In sogenannten Sensitivity Trainings erhielten die Teilnehmer Informationen über ihr aktuelles Verhalten. Darauf aufbauend entwickelten sie gemeinsam Lösungswege zur Verhaltensänderung und übten sie ein. Sie wurden im Hier und Jetzt **vom Betroffenen zum Beteiligten**.

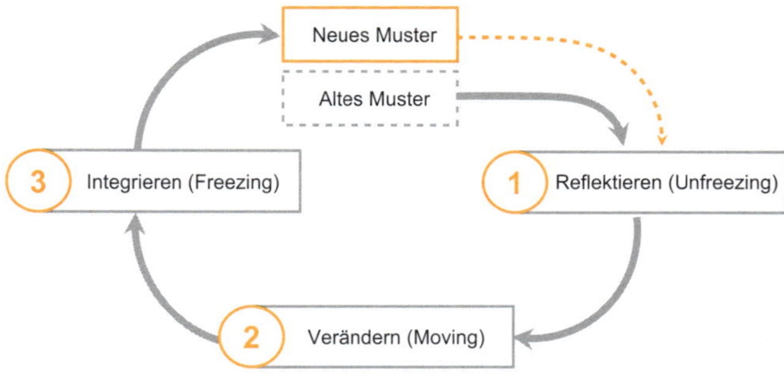


**Bild 4:** *3-Phasen-Modell nach Kurt Lewin*

So wie sich Gewohnheiten verstärken, müssen Verhaltensweisen in einem Kreislauf (Bild 5)

- reflektiert und analysiert (Unfreezing),
- entwickelt, ausprobiert und verändert (Moving) sowie
- neue Verhaltensweisen durch Wiederholungen stabilisiert und integriert (Refreezing) werden.

Auf diese Weise können alte Muster erkannt, neue gemeinsam entwickelt und alte aufgelöst werden.

Der japanische Produktionstechniker Taiichi Ōno hat auf dieser Basis eine gehirngerechte Vorgehensweise entwickelt, die er **Kaizen** (= „Veränderungen meistern“) nannte. Um im Tagesgeschäft kontinuierlich Probleme in Lösungen zu überführen, räumte er den Mitarbeitern bereits in den 1950er-Jahren zum Reflektieren und Verbessern täglich Zeitfenster ein.

**Bild 5:** *Plan-Do-Check-Act-Problemlösungszyklus*

Zum systematischen Lösen von Problemen führte er den Plan-Do-Check-Act-Problemlösungszyklus (Bild 6) ein. Es werden Schleifen von Situation reflektieren, Verbesserungen entwickeln, Umsetzung planen, ausprobieren, auf Wirksamkeit prüfen und wieder verbessern dauernd durchlaufen. Dieses Vorgehen in kleinen Schritten entspricht unserem natürlichen Lernprozess.

Um Neues zu entwickeln, muss man Vertrautes loslassen und sich auf die Unsicherheit des Neuen einlassen wollen. Die alten Gewohnheiten sind häufig fest verankert und können nur langsam losgelassen werden. Daher braucht es ein großes Ziel und auf dem Weg dahin erreichbare Etappen (Bild 6). Das Erreichen und Würdigen der Etappenziele motiviert für nächste Schritte.

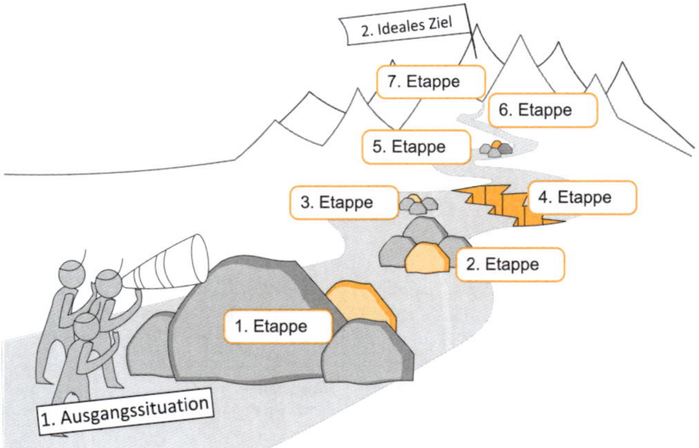


**Bild 6:** *Etappenziele in kurzen Abständen*

Ein guter Rhythmus mit verlässlichen Abstimmungsritualen und konsequenter Entscheidungsfindung sorgt für kontinuierliche Verbesserung und schnelle Reaktionsfähigkeit in der gesamten Organisation.

Wer einen Berg besteigen will, nimmt sich auch Etappen vor. Bei jedem erreichten Etappenziel kann man sich stärken, sich über das Erreichte freuen und die nächsten Schritte planen.

# Durch Veränderungen führen

## WORUM GEHT ES?

Veränderungsvorhaben sind wie Expeditionen. Unbekanntestes Terrain soll entdeckt und erforscht werden. Dabei ist das älteste und stärkste Gefühl die Angst, und die älteste und stärkste Form der Angst ist die Angst vor dem Unbekannten.

Von Neugier und Erkenntnisdrang angetrieben haben sich Menschen dennoch immer wieder ins Niemandsland gewagt und auf Abenteuer eingelassen. Dafür brauchten sie Weggefährten. Menschen lassen sich jedoch nur auf ein Abenteuer ein, wenn sie ein klares Bild haben, wohin es gehen soll und was sie davon haben. Das Ziel muss verlockend und das Vorhaben glaubwürdig sein.

Das Wecken der Abenteuerlust ist nur der Anfang. Irgendwann kommt man in unübersichtliches Gebiet. Um alle bei der Stange zu halten, braucht es Etappenziele, die in regelmäßigen Abständen erreicht werden. Schließlich muss das Team über den gesamten Weg geführt und zusammengehalten werden. Auch der Expeditionsleiter kennt nicht jedes Detail und Hindernis des Weges. Er orientiert sich am großen Ziel und sorgt dafür, dass die Gruppe immer wieder gestärkt den nächsten Schritt geht.

Ob die Expedition erfolgreich ist, hängt letztlich von der Beharrlichkeit und Geschicklichkeit des Expeditionsleiters ab. Er sorgt dafür, dass das Team gemeinsam fortschreitet. Auf dem Weg verändern sich die Menschen, überwinden eigene Grenzen und erweitern ihren Handlungsspielraum.

Während Expeditionen irgendwann beendet sind, gilt es in Organisationen, den geeigneten Rhythmus zu finden, indem regelmäßig Ziele angestrebt und Erfolge konsolidiert werden. Sonst verdrängen die alten Gewohnheiten die noch nicht stabilen neuen Verhaltensweisen.

## WAS BRINGT ES?

Bei der Gestaltung von Veränderung in Organisationen geht es in erster Linie um Führung. Sie besteht aus drei Aspekten, die kontinuierlich reifen müssen:

Die **strategische Führung** beinhaltet die mittel- bis langfristige wirtschaftliche Ausrichtung einer Organisation(seinheit). Erfüllt werden sollen die Geschäftsergebnisse. Beeinflusst werden sie durch die Kundenzufriedenheit und den Umgang mit Ressourcen. Dafür gilt es, ein übergeordnetes Ziel(bild) konsequent anzustreben.

Die **Mitarbeiterführung** fokussiert sich auf Personen bzw. Gruppen innerhalb einer Organisation. Sie orientiert sich an den Prozessen, in denen die Mitarbeiter zusammenarbeiten, um ihren Beitrag zum Erreichen der strategischen Ziele zu leisten. Dafür sind kontinuierlich immer wieder kurzfristig sichtbare Etappenziele zu erreichen.

Die **Selbstführung** bezieht sich auf die eigene Lebensführung, den individuellen Reifungsprozess sowie die damit verbundene Reflexion und Veränderung der eigenen Verhaltensweisen. Veränderungsprozesse sind individuelle Lernprozesse, die miteinander gestaltet werden und einer gemeinsamen Vision folgen.

## WIE GEHE ICH VOR?

Für das lebendige (agile) Gestalten von Veränderungen sind folgende Schritte immer wieder notwendig (Bild 7):

1. **Vorhaben klären:** Die Ausgangssituation klären, eine Zielrichtung definieren und die ersten Schritte beschreiben.

2. **Starkes Veränderungsteam bilden:** Ein kompetentes, einfühlsames und willensstarkes Team zusammenbringen, was den Wandel überzeugend gestalten kann.
3. **Kraftvolles Leitbild entwickeln:** Mission, Vision und Strategie als klare Veränderungsrichtung entwickeln.
4. **Vorhaben überzeugend kommunizieren:** Menschen Orientierung geben, sie begeistern und bewegen.
5. **Kurzfristige Erfolge planen:** Klare Entscheidungen treffen, Ziele setzen und Etappenerfolge vorbereiten.
6. **Gemeinsam Lösungswege gestalten:** Mitarbeitern Handlungsspielraum eröffnen und Problemlösungsstrukturen schaffen.
7. **Meetings agil führen:** Austausch und Abstimmungen lebendig und ritualisiert gestalten, sodass Etappenziele gesteckt, verfolgt, erreicht und gewürdigt werden. Hier schließt sich der Kreis.
8. **Wandel kultivieren:** Alle Punkte konsequent wiederholen und selbst Vorbild sein.

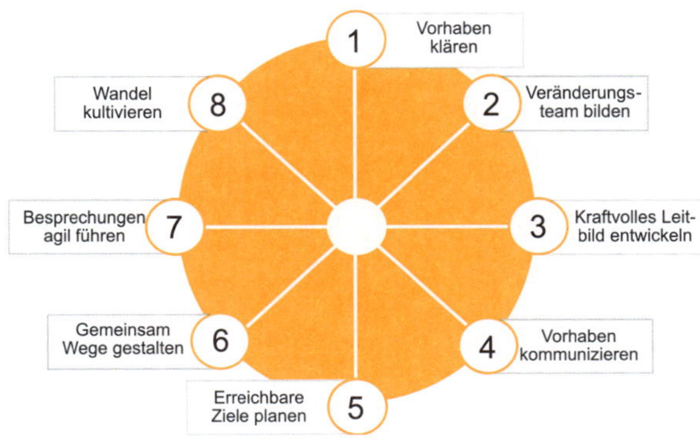


**Bild 7:** *Zyklus des Wandels*

Zusammen bilden die Schritte den Zyklus des Wandels.

## Schritt 1: Vorhaben klären

### WORUM GEHT ES?

„Der Anfang ist die Hälfte des Ganzen", wusste bereits Aristoteles. Das A und O jedes Vorhabens ist die Klärung der Sachlage. Zunächst braucht es Klarheit über das Vorhaben, den Ist-Zustand (das Problem), den möglichen Zielzustand sowie die Rahmenbedingungen und Konsequenzen. Das ist immer eine Herausforderung, denn Organisationen bestehen aus Menschen, die unterschiedliche Vorstellungen, widersprüchliche Ansichten und vielfältige Erwartungen haben.

Statt auftretende Probleme konsequent gemeinsam zu lösen, verplempern wir eine Menge wertvoller Lebenszeit und Ressourcen damit, sie zu bekämpfen, ihnen aus dem Weg zu gehen, sie anderen Leuten in die Schuhe zu schieben oder sie nicht wahrhaben zu wollen. Sogar der Begriff „Problem" wird verschleiert und hinter *Herausforderung*, *Möglichkeit* oder *Chance* versteckt. Dabei ist es ganz einfach. Ungelöste Probleme versperren den Weg und fordern uns auf, sie wegzuräumen – Stück für Stück.

Probleme sind nichts weiter als alte Lösungen, Gewohnheiten oder Verhaltensweisen, die irgendwann nützlich und sinnvoll waren. Heute unter geänderten Rahmenbedingungen aber hinderlich sind. Kann man ihnen nicht mehr aus dem Weg gehen, sollen sie möglichst schnell verschwinden. Damit es hier nicht zu Ad-hoc-Maßnahmen kommt, ist die Grundlage für die erfolgreiche Gestaltung von Projekten bzw. Veränderungsvorhaben die **Auftragsklärung**.

Im Gegensatz zur Herstellung eines neuen Produkts geht es bei der Veränderung von Organisationen um ein soziales Gefüge, was aus Menschen besteht und dauernd in Bewegung ist. Wie ein lebendiger Organismus unterliegt es dem Werden, dem Sein und dem Vergehen. Organisationen sind komplexe Systeme, die sich permanent aus sich selbst heraus oder durch äußere Einflüsse und nach eigenen Regeln verändern.

Die **Auftragsklärung** hat ihren Ursprung in der systemischen Familientherapie, die davon ausgeht, dass unterschiedliche Personen eine Situation in ihrem subjektiven Erleben unterschiedlich wahrnehmen und entsprechend ihrem Erfahrungshintergrund bewerten.

Der Terminus **Problem** (griechisch *problema*) meint das Aufgeworfene, zur Lösung Vorgelegte. Probleme sind Chancen, die zeigen, dass etwas aus dem Weg zu räumen ist. Dafür muss man wissen, wo man gerade steht, wohin man will und was genau im Weg steht, liegt oder lauert.

Die Auftragsklärung bildet die Grundlage für die fundierte, regelmäßige und zügige Entscheidungsfindung. Folgende Schritte sind dafür notwendig:

1. Erstgespräch und Befragen des Auftraggebers.
2. Antworten aus dem Erstgespräch verdichten, offene Fragen weiterverfolgen und mit „Verbündeten“ klären.
3. Grobkonzept entwickeln und Auftragsformular ausfüllen.
4. Vorhaben mit Auftraggeber abstimmen und verabschieden.
5. Termine für Folgeabstimmungen festlegen.

## WAS BRINGT ES?

Die Auftragsklärung dient dazu, eine gemeinsame Vorstellung über die Ausgangssituation und die Zielrichtung zu schaffen, um davon ausgehend einen gemeinsamen Weg zu beschreiben. Durch präzise Fragen werden die unterschiedlichen Sichtweisen bezüglich des Veränderungsvorhabens zu einem Gesamtbild zusammengebracht.

Alle relevanten Informationen werden im Auftrag schriftlich und abstimmungsbereit fixiert. Das hilft, sich später zu erinnern, wie die Situation anfangs aussah und wohin man mit welchen Maßnahmen wollte.

Gleichen Sie Sichtweisen ab und schaffen Sie einen gemeinsamen Wissensstand. Sonst sind Missverständnisse vorprogrammiert.
Es gibt Menschen, die beim Pflanzen eines Apfelbaumes nur diesen Baum in diesem Zustand sehen, andere wiederum sehen sich schon die Äpfel ernten und mit Freunden in geselliger Runde Tarte aux Pommes genießen.

Auftragsklärung ist keine einmalige Aktion, sondern eine fortwährende, regelmäßig stattfindende Aufgabe desjenigen, der das Veränderungsvorhaben koordiniert.

Häufig gehen wir davon aus, dass unser Gegenüber auf das gleiche Hintergrundwissen zugreift und genauso denkt wie wir selbst. Doch wir alle sind mit unterschiedlichen Erfahrungshintergründen ausgestattet. Diese prägen und steuern unser Denken und Handeln. Außerdem sieht jeder die Welt auf seine Weise und entwickelt darüber hinaus seine eigene Wahrheit. Die Unschärfe unsere Sprache tut ihr Übriges.

## WIE GEHE ICH VOR?

Es erfordert einen Moment des Innehaltens, um einen klaren Blick zu bekommen und die Details zu erfassen. Diese Zeit ist gut investiert, denn die erste Ursache für das viel zitierte Scheitern von Veränderungsvorhaben ist vorschnelles Handeln mit unklarem Auftrag.

Ähnlich wie bei Sturm Sand aufgewirbelt und dadurch die Sicht getrübt wird, führt die Konfrontation mit Unerwartetem blitzschnell zu einer Stressreaktion, die das Denken in neuen Möglichkeiten verhindert, alte Bewältigungsstrategien aktiviert und den Blick für das Neue versperrt.

Nehmen Sie sich die Zeit,

- einen guten Kontakt zum Auftraggeber herzustellen, um alle relevanten Fragen zu stellen,
- einen einheitlichen Wissensstand über Ausgangssituation und die Handlungsschwerpunkte zu erarbeiten,
- eine übereinstimmende Vorstellung über die Zielsetzung herzustellen,
- Interessengruppen (Beteiligte/Betroffene) und deren Bedürfnisse zu identifizieren,
- Rahmenbedingungen und mögliche Hindernisse zu erkennen und
- für die Weggestaltung konkrete nächste Schritte (Maßnahmen) festzulegen.

Sucht man mit Eile nach schnellen Lösungen und versäumt es, die Ausgangssituation zu klären, wird man nicht zu neuen Lösungen kommen. Vielmehr werden die bestehenden Muster verstärkt. Mit Ad-hoc-Maßnahmen (z. B. übereilter Kauf einer Software) wird in der Regel nie das ursächliche Problem gelöst, sondern neue verursacht.

Die größte Herausforderung ist es noch immer, einem „Entscheider" oder „Vorgesetzten" Fragen zu stellen. Aufträge werden häufig behandelt wie Befehle, obwohl man doch weiß, dass man fragen kann oder sogar sollte. Manchen plagt das Gefühl: „Wenn ich frage, mache ich mich kleiner oder dümmer." Das Gegenteil ist der Fall. Ihr Gegenüber erwartet, dass Sie Fragen stellen und den Auftrag sauber klären. Denken Sie daran: „Wer fragt, führt."

Für die Auftragsklärung gibt es grundsätzliche Fragen, die man immer stellen kann, auch bei kleinen Aufträgen.

1. **Thema:** Worum geht's?
2. **Problem:** Warum ist das Thema ein Thema?
3. **Ursache:** Was genau ist die Ursache des Problems oder wo genau sind Handlungsschwerpunkte?
4. **Ziel:** Wie soll es idealerweise sein?
5. **Ergebnis:** Woran erkennen wir das erreichte Ziel?
6. **Rahmenbedingungen:** Was haben/brauchen wir? Was begrenzt das Vorhaben?
7. **Interessengruppen:** Wer ist betroffen/beteiligt?
8. **Hindernisse:** Was hindert uns, bereits am Ziel zu sein?
9. **Konkrete nächste Schritte:** Welche konkreten Maßnahmen sind jetzt notwendig?

## 1. Problem (an)erkennen & Thema benennen

Die größte Überwindung kosten die Fragen „Worum genau geht es bei diesem Thema?", „Was genau ist das Problem oder die Idee dahinter?", „Wer oder was war der Auslöser?", „Woher kommt die Idee?".

Ist diese Hürde genommen, wird der Auftraggeber mit Antworten reagieren. Damit kann das Thema eingegrenzt, genau benannt und schriftlich festgehalten werden.

## 2. Ausgangssituation beschreiben

Im nächsten Schritt gilt es, die Ausgangssituation zu beschreiben. Die Fragen: „Warum ist das Thema ein Thema?", „Wie stellt sich das Thema zur Zeit dar?", „Was wurde bereits getan?", „Wer arbeitet daran?". Hier lohnt es sich, vor Ort zu gehen und zu beobachten: „Was genau (Tätigkeit) läuft wo genau (Ort), wann genau (Zeitpunkt), wie genau (Art und Weise) ab?", „Wer genau war/ist beteiligt (Personen)?", „Wozu genau wurde es durchgeführt (Zielsetzung)?". Mit diesen W-Fragen lässt sich das Thema eingrenzen, und die Ausgangssituation wird immer klarer. Siehe Bild 8. Man muss nur aufpassen, dass man sich nicht zu lange bei der Analyse aufhält.

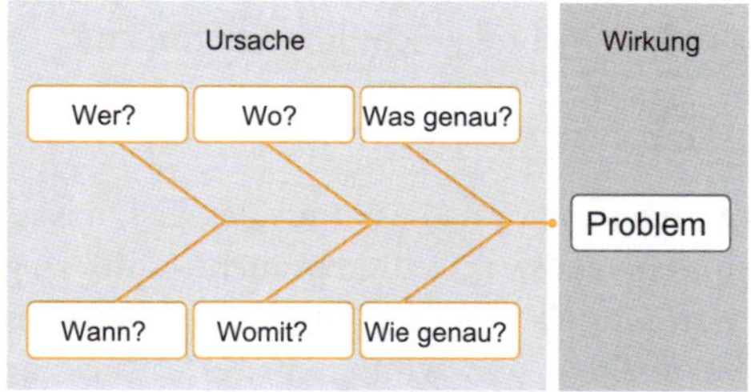


**Bild 8:** *Ursache-Wirkungs-Diagramm und W-Fragen*

## 3. Handlungsschwerpunkte identifizieren

Jedes Problem enthält seine eigene Lösung. Mithilfe der W-Fragen wird das Problem in immer kleinere Teile zerlegt und kann Stück für Stück verstanden werden. Gerade bei komplexen Problemen ist es meist nicht eine Ursache, die zu einem Fehler führt, sondern es ergeben sich verschiedene Handlungsschwerpunkte.

Um sich dem Grund weiter zu nähern, helfen Fragen wie: „Warum ist das Thema ein Thema?“, „Was genau ist die Ursache?“, „Was genau ist die Folgewirkung?“, „Welche Vorgeschichte gibt es?“, „Gab es frühere Lösungsansätze?“, „Was wurde daraus?“. Der Handlungsbereich wird eingegrenzt und die Brennpunkte können definiert werden. „Welche Handlungsschwerpunkte ergeben sich daraus?“ Man fragt sich immer tiefer zur Ursache vor.

Weiterhin wird klar, was zu dem Thema bereits stattgefunden hat, welche bisherigen Lösungen es dazu gab, welche Schwierigkeiten zu erwarten sind oder es bereits gab. Durch all diese Antworten entsteht mehr Klarheit über die Ausgangslage. Man sieht den Wald langsam von oben und befindet sich nicht mehr im Dschungel mit vielen im Gebüsch lauernden wilden Tieren.

Wichtig ist es, freundlich und ruhig zu fragen. Anders als in Krimis ist hier nicht der Schuldige zu finden.

## 4. Idealziel formulieren

Jede Veränderung braucht ein ideales Ziel, das angestrebt wird, auch wenn es etwas Geduld braucht, dahin zu gelangen. Um nicht zu schnell wieder aufzugeben, ist es sinnvoll, zunächst festzuhalten, was wünschenswerterweise angestrebt werden sollte. Die Fragen sind: „Wie soll es idealerweise sein?", „Wie wäre der wünschenswerte Zustand?". Hier ist das Denken in Unmöglichkeiten und Wünschen ausdrücklich erlaubt. „Ideale sind wie Sterne, man kann sie nicht erreichen, aber man kann sich an ihnen orientieren", meinte der sozialdemokratische Revolutionär und spätere US-amerikanische Politiker CARL SCHURZ. Ohne „verrückte" Ideen und Menschen, die sie beharrlich verfolgen, gäbe es weder Flugzeug noch Smartphone. Also nur zu, denn nur diejenigen, die verrückt genug sind, die Welt zu verändern, werden es auch tun.

## 5. Ergebniskriterien definieren

Um ein greifbares Ziel zu formulieren, kann man fragen: „Woran genau erkennen wir, dass das Ziel erreicht ist?", „Was genau ist nachher anders/besser?". Formulieren Sie nun ein SMARTes Ziel (S – spezifisch, M – messbar, A – aktiv formuliert, R – realistisch, T – terminiert). Hier gilt es, den Wunsch greif- und anfassbar zu machen, sodass wirklich ein Bild vom Idealzustand entsteht.

## 6. Grenzen erkennen und setzen

Jedes Vorhaben ist durch Rahmenbedingungen auf dem Weg zum definierten Ziel begrenzt. Es gibt Randbedingungen und Voraussetzungen. **Randbedingungen** sind die Umstände, die nur mit großem Aufwand oder gar nicht beeinflussbar sind und als gegeben hingenommen werden müssen. Es ist wie mit einer Landkarte, auf der Straßen und Wege eingezeichnet sind, die man befahren oder eben nur begehen kann – damit muss man sich als Autofahrer abfinden. **Voraussetzungen** sind Bedingungen, die erfüllt sein müssen, damit etwas überhaupt stattfinden kann. Das können Ressourcen in Form von Personen, Sachmitteln, Zeit oder Geld sein. Auch hier helfen wieder die W-Fragen (Was? Wie? Wann? Bis wann? Wo? Wer? Womit?). Folgende Fragen müssen beantwortet werden: „Was haben wir?“, „Was fehlt? Was brauchen wir?“, „Was genau bildet den Rahmen?“, „Was ist nicht Ziel dieses Vorhabens?“.

## 7. Interessengruppen identifizieren

Bei jeder Veränderung gibt es unterschiedliche Personengruppen, die mehr oder weniger von dem Vorhaben begeistert sein werden. Es ist wichtig, am Anfang festzustellen, wer die Veränderung initiiert hat, wer von den Maßnahmen betroffen sein wird und wer wann wie eingebunden werden kann, soll oder muss. Die relevanten Fragen sind: „Wer wird von der Maßnahme betroffen sein?“, „Wer hat das Vorhaben initiiert mit welchen Interessen?“, „Wer ist bereits beteiligt und wer muss wann wie eingebunden werden?“, „Wer hat welches Interesse?“.

## 8. Hindernisse erkennen

Sind Ausgangssituation, Ziel, Rahmenbedingungen und Interessengruppen identifiziert, stellt sich die Frage: „Was genau hindert uns daran, heute bereits am Ziel zu sein?“

Hindernisse befinden sich auf dem Weg zum Ziel. Man kann aus der Zielperspektive blicken und fragen: „Welche Hindernisse mussten überwunden werden, um an das Ziel zu gelangen?“ Dadurch können die Hindernisse erkannt und benannt werden. Natürlich wird man nicht alles sofort erkennen können. Aber die größten Brocken sind in der Regel erkennbar (siehe dazu Bild 1, Seite 12).

## 9. Konkrete nächste Schritte

Sind die Hindernisse identifiziert, muss überlegt werden, wie sie aus dem Weg geschafft werden können. Dafür ist es wichtig, jedes Hindernis zu beschreiben. Man kann fragen: „Wie können wir die Hindernisse aus dem Weg räumen?“, „Welche Lösungsmöglichkeiten gibt es?“ und: „Welche davon bringen uns am sichersten in Richtung Ziel?“ Mit der Frage „Was sind die konkreten nächsten Schritte?“ legen Sie die Maßnahmen für die nächsten Schritte in Richtung Ziel fest.

Wenn Sie alle Fragen ausreichend beantwortet und im Auftragsformular (Bild 9) verschriftlicht haben, dann holen Sie sich den Auftrag für die Detailklärung und die Konzeptentwicklung mit zeitlicher Reserve.

Vorhaben scheitern häufig, weil der Auftrag nicht sauber geklärt und schriftlich auf einer A4-Seite fixiert ist. Man legt schon mal los. Nach kurzer Zeit weiß keiner mehr, wie die Ausgangssituation aussah und was tatsächlich geplant war.
Versuchen Sie, den Druck aus dem Thema zu nehmen. Neue Lösungen brauchen etwas Geduld. „Das Problem zu erkennen, ist wichtiger, als die Lösung zu kennen, denn die genaue Darstellung des Problems führt zur Lösung.“ (Albert Einstein). Veränderung braucht Gestaltungsspielraum. Gras wächst auch nicht schneller, wenn man daran zieht.

| Auftragsformular | | | | |
|---|---|---|---|---|
| **Thema** | | **Problem** | | |
| Worum geht es? | | Warum ist das Thema ein Thema? | | |
| **Ursachen** | | **Vergangene Lösungsversuche** | | |
| Was? Wo? Wie genau? Wer? Mit wem? Wann? Wozu? | | Welche Lösungsversuche gab es bereits, von wem und mit welchem Erfolg? | | |
| **Ideales und konkretes Ergebnis** | | **Nicht-Ziele und Rahmenbedingungen** | | |
| Wie soll es idealer Weise sein?<br>Woran erkennen wir, dass das Ziel erreicht wurde? | | Was gehört nicht zu diesem Vorhaben?<br>Was bildet den Rahmen?<br>Was haben/brauchen wir? | | |
| **Betroffene** | | **Beteiligte** | | |
| Wer ist von der Maßnahme betroffen? | | Wer hat das Vorhaben initiiert?<br>Wer muss wann wie eingebunden werden? | | |
| **Hindernis** | | **Lösungswege** | | |
| Was hindert uns bereits heute am Ziel zu sein? | | Welche Lösungswege gibt es?<br>Was sind die nächsten Schritte? | | |
| **Maßnahmen** | | | | |
| Was? | Wer? | Mit wem? | Bis wann? | Wie? |
| | | | | |
| | | | | |
| | | | | |
| | | | | |
| **Projektleiter** | | **Auftraggeber** | | |

**Bild 9:** *Auftragsformular*

# Schritt 2: Starkes Team bilden

## WORUM GEHT ES?

Veränderung gelingt nur mit und durch Menschen, die von einer Sache überzeugt sind, sie mit Leidenschaft sowie Sachverstand angehen und andere davon begeistern können. In der Regel braucht es ein engagiertes Kernteam, das gemeinsam das Vorhaben **konzipiert, koordiniert, moderiert** und **kommuniziert**.

Das Kernteam besteht daher aus einer Personengruppe, die regelmäßig am Vorhaben arbeitet und das Projekt steuert. Aus einer Gruppe von gut ausgewählten und hoch motivierten Menschen wird aufgrund der Vielfalt und Unterschiedlichkeit nicht zwangsläufig ein Team.

Erst wenn die Einzelnen in der Lage sind, konstruktiv zusammenzuarbeiten und miteinander Probleme zu lösen, um die gemeinsam vereinbarten Ziele zu erreichen, ist ein Team entstanden. Es ist sinnvoll, eine Teamentwicklung am Anfang durchzuführen, um Rollen mit jeweiligen Aufgaben und Verantwortlichkeiten zu klären.

Die gezielte Teamentwicklung ermöglicht:

- Klarheit über die Rolle des Teams innerhalb der Gesamtorganisation, durch Zielklärung in der Gruppe. **Wozu sind wir da? Was ist unsere Aufgabe?**
- Entwickeln einer Teamidentität durch das Vereinbaren gemeinsamer Werte und eindeutiger Regeln für die Zusammenarbeit sowie Entscheidungsfindung. **Was ist uns wichtig?**
- Eindeutiges Rollenverständnis jedes Teammitglieds durch Herausarbeiten der individuellen Stärken und Fähigkeiten. Ableiten von Aufgaben und Verantwortlichkeiten mit

Entscheidungsbefugnissen für jeden Einzelnen. **Wer ist wofür zuständig?**

- Die verbindliche Aufgabenübernahme durch hohe Methodenkompetenz. Für das, was der Einzelne gern tut und gut kann, trägt er auch gern die Verantwortung. **Wer erledigt was bis wann?**
- Festlegen einer gemeinsamen Arbeitsweise auf Basis des gemeinsam definierten Vorhabens. Man einigt sich auf Abstimmungstermine und -rituale. Festlegen der nächsten Schritte und Verbindlichkeiten. **Wann stimmen wir uns wie ab?**
- Festlegen von kollaborativen Arbeitsmitteln zur Kommunikation, zum Austausch von Dokumenten und Aufbau einer gemeinsamen Wissensbasis. **Wie kommunizieren wir miteinander und womit dokumentieren wir unsere Fortschritte?**

## WAS BRINGT ES?

Eine zielgerichtete Teambildung erhöht die Wahrscheinlichkeit einer vertrauensvollen und effektiven Zusammenarbeit. Durch Reflexion und gegenseitiges Feedback werden die unterschiedlichen Sichtweisen der einzelnen Teammitglieder von den anderen verstanden und deren Stärken geschätzt. Dadurch wächst der Respekt.

Um Konflikte und Machtkämpfe bereits im Vorfeld weitgehend auszuschließen, einigen sich die Teammitglieder darauf, wer welche Rolle einnimmt. Dafür wird gemeinsam geklärt, wer für welche Aufgaben verantwortlich ist und in welchem Umfang über welche Ressourcen bzw. Aufgabenbereiche entscheiden darf. Diese strukturelle Ordnung ermöglicht es, Entscheidungen geregelt herbeizuführen und koordiniert gemeinsam Ziele zu erreichen.

Insgesamt wird eine Vertrauensbasis hergestellt und ein Bewusstsein des gegenseitigen Aufeinander-angewiesen-Seins entwickelt und eine gemeinsame Richtung definiert. Dadurch formt sich ein Wir-Gefühl, was eine hohe Leistungsbereitschaft erzeugt und eine vertrauensvolle Zusammenarbeit fördert.

### WIE GEHE ICH VOR?

„Five committed guys can change the world", meint C. Otto Scharmer. Das können sie nicht allein, aber sie können ein Kernteam bilden. Um ein solches Team zu bilden, sind folgende Schritte notwendig:

1. Geeignete Personen auswählen.
2. Beteiligte für ihre Aufgabe begeistern.
3. Rollen und Vorgehen veeinbaren.

## 1. Geeignete Personen auswählen

Es gilt, dafür zunächst die richtigen Personen zu finden, denn diese müssen:

- Veränderungen gestalten wollen,
- vom Thema überzeugt sein,
- gut in der Organisation vernetzt sein,
- ausreichend Mut haben, Neues zu wagen,
- (unbequeme) Veränderungen kommunizieren wollen,
- strukturiert Probleme lösen,
- engagiert Projekte durchführen,
- Gruppen moderieren,
- andere begeistern und
- selbst auch mal im Hintergrund bleiben können.

Folgende Fragen müssen beantwortet werden:

- Wer ist von der Veränderung betroffen?
- Wer muss wann wie beteiligt werden?
- Wer ist für eine Aufgabe im Kernteam geeignet und erfüllt die oben genannten Punkte?

## 2. Beteiligte für ihre Aufgabe begeistern

Sind die geeigneten Personen gefunden, müssen sie überzeugt werden, diese Aufgabe zu übernehmen.

Dafür eignen sich:

- der Besuch einer anderen Organisation, in der bereits gelebt wird, was man erreichen möchte,
- der Besuch einer Veranstaltung, in der auf die eine oder andere Weise die Veränderungsthematik dargestellt wird, wie z. B. Kongress oder auch Theater,
- eine Schulung zum Thema,
- ein gemeinsames Event, wo das Veränderungsthema präsentiert und kreativ bearbeitet wird.

Je komplexer das Thema oder je unklarer die Idee der Veränderung, desto besser ist es, einen breiten Blickwinkel und viele Inspirationen zu bekommen.

## 3. Rollen und Vorgehen vereinbaren

Die Basis zum Erbringen hervorragender Leistungen ist gegenseitiges Vertrauen. Dieses herzustellen, gelingt zügig mit einer gezielten Teambildung, um zu klären,

- in welchem Umfeld sich das Team bewegt,
- welche Ziele das Team anstrebt,

- welche Fähigkeiten und Fertigkeiten benötigt werden,
- welche Stärken und Schwächen vorhanden sind,
- wer welche Rolle einnimmt bzw. einnehmen kann,
- welche Regeln im Team gelten sollen und
- was das Team nach außen verkörpert.

Mit dem Team wird geklärt:

1. Ausgangssituation: Wo stehen wir?
2. Zieldefinition: Wo wollen wir hin?
3. Wegbeschreibung: Wie kommen wir dorthin?
4. Zusammenarbeit: Was ist uns wichtig?

### 1. Ausgangssituation: Wo stehen wir?

Hier geht es darum, auf Basis des Auftrags eine Standortbestimmung vorzunehmen und gemeinsam zu klären:

- **Was** genau ist der Auftrag?
- **Warum** ist das Thema ein Thema?
- **Wer** ist der Kunde? Was erwartet er?
- **Was** sind die Probleme und Handlungsschwerpunkte?

Das Team muss sich bei jeder Fragestellung einigen. Dann kommt der nächste Schritt.

### 2. Zieldefinition: Wo wollen wir hin?

Das Ziel unterstützt die Entwicklung eines gemeinsamen Verständnisses für die Erfüllung der anstehenden Aufgaben. Es setzt den Maßstab für den Teamerfolg und fokussiert die Kreativität. Das Ziel sollte klar, verständlich, kurz und motivierend formuliert sein.

**Inhalte** der Zielformulierung sind:

- **Was** soll erreicht werden?
- **Wie** soll es idealerweise sein?
- **Wem** soll das Erreichte nützen?
- **Woran** erkennen wir, dass das Ziel erreicht ist?

Je nach Teamaufgabe kann es wichtig sein, ein Hauptziel mit mehreren Teilzielen zu formulieren. Entscheidend ist die Einprägsamkeit der Formulierung.

### 3. Wegbeschreibung: Wie kommen wir dorthin?

Um das angestrebte Ziel zu erreichen, muss jetzt Folgendes beschrieben werden:

- **Rahmenbedingungen:** Was bildet den Rahmen? Was haben und was brauchen wir? Wer ist von dem Vorhaben betroffen? Wen müssen wir wann wie einbinden?
- **Hindernisse:** Was hindert uns, heute bereits am Ziel zu sein? Wie können wir die Hindernisse beseitigen? Welche Risiken gibt es?
- **Nächste Schritte:** Was sind die nächsten Schritte?

Anschließend gilt es, Regeln für die Zusammenarbeit zu definieren.

### 4. Zusammenarbeit: Was ist uns wichtig?

Hier gilt es, die Werte und Regeln für die Zusammenarbeit zu formulieren:

**Was ist mir wichtig?** Jeder schreibt seine wichtigsten zehn **Werte** (Freiheit, Gleichheit, Brüderlichkeit oder Vertrauen, Verbindlichkeit, Nachhaltigkeit) auf und verdichtet sie auf drei. Dann tauscht er sich mit seinem Nachbarn aus. Beide einigen sich auf drei Werte. Das geht so weiter, bis sich die Gruppe auf drei gemeinsame Werte geeinigt hat.

**Was bedeuten diese Werte für unsere Zusammenarbeit?** Aus den drei Werten werden **drei Regeln** formuliert jeweils für das Verhalten zu Auftraggebern, zu Kunden, zu Mitarbeitern und untereinander. Idealerweise ergeben sich daraus einfache Regeln z. B. „Einfach", „Wertschätzend", „Wertschöpfend".

Alle Teammitglieder müssen zustimmen. Wichtig ist es, die **Teamregeln** schriftlich zu fixieren, sodass sie jeder immer vor Augen hat. Das schafft Klarheit.

### 4. Die Rollen festlegen

Um Rollen optimal zu gestalten, muss zunächst Klarheit über die **Erwartungen** und das **Engagement** der einzelnen Teammitglieder hergestellt werden. Daher wird zunächst von jedem die **Absicht** für die Teammitgliedschaft erfragt. Aus der Absicht heraus werden die Aufgaben und Verantwortlichkeiten beschrieben. Daraus ergibt sich dann die **Rolle**.

Typische Fragen zum Festlegen von **Rollen** sind:

- **Absicht:** Warum und wozu bin ich in diesem Team?
- **Aufgabe:** Welche Aufgaben kann/will ich übernehmen?
- **Verantwortung:** Wofür will ich verantwortlich sein?
- **Unterstützung:** Welche Unterstützung wünsche ich mir? Wie kann ich die anderen unterstützen?

Diese Fragen sollten von jedem selbst und dann im Austausch mit dem Gesamtteam beantwortet werden. Das führt zur Klarheit des Einzelnen und zur Transparenz im Team.

Je größer ein Veränderungsvorhaben ist, umso wichtiger ist es, folgende Rollen zu berücksichtigen:

- **Auftraggeber:** ist Initiator, trägt die Gesamtverantwortung, stellt die Ressourcen und trifft die Entscheidungen in Bezug auf das Gesamtziel und die Meilensteine (Etappenziele). Er benennt den Projektleiter.
- **Projektleiter:** klärt den Auftrag, führt das Kernteam und trägt die Verantwortung für die inhaltliche Zielerreichung. Er sorgt für das Einhalten von vereinbarten Terminen und überwacht die Ressourcen.
- **Moderator/Projektbegleiter:** hat die Methodenkompetenz. Er trägt die Verantwortung für die Konzeption des Vorhabens sowie die Vorbereitung, Durchführung und Nachbereitung von Veranstaltungen (wie Events, Workshops, Trainings und Meetings).
- **Koordinator:** sorgt für die Terminkoordination und alle Abstimmungen im Kernteam. Er ist verantwortlich für die Lenkung der Dokumente über alle Aktivitäten.
- **Controller:** bereitet Zahlen, Daten und Fakten für das Veränderungsvorhaben auf. Er plant und prüft die Wirtschaftlichkeit des Vorhabens. Er überwacht das Budget.
- **Kommunikator:** ist für die gesamte Kommunikation des Vorhabens verantwortlich. Er ist zuständig für die interne Kommunikation im Unternehmen und bindet die IT in alle notwendigen Maßnahmen frühzeitig ein.
- **Multiplikatoren:** stellen den Kontakt zwischen dem Kernteam sowie Führungskräften und Mitarbeitern her. Sie sind die Ansprechpartner für die Betroffenen.
- **Führungskräfte:** werden in die Veränderungen eingebunden und sind inhaltlich für die Umsetzung der Maßnahmen in ihrem Einflussbereich verantwortlich.
- **Mitarbeiter:** werden in die Veränderungsaktivitäten eingebunden und setzen die Veränderungen um.

### 5. Die Verantwortlichkeiten klären

Für die Rollen muss Folgendes festgelegt werden:

- **Kontakt zum Auftraggeber:** Wer ist für den Kontakt zum Auftraggeber verantwortlich? Wie bekommen wir alle relevanten Informationen?
- **Teamorganisation zur Zielerreichung:** Wie organisieren wir uns selbst? Wer? Was? Wo? Wie? Womit? Wann?
- **Abstimmungen im Team:** Wie organisieren wir unsere Meetings? Wann? Wie? Wo? Womit?
- **Entwicklung des Vorhabens:** Wie entwickeln wir unser Konzept kontinuierlich weiter?
- **Bewertung und Entscheidung:** Wie bewerten wir unsere Ideen? Wie schaffen wir eine gemeinsame Basis für Entscheidungen?
- **Dokumentation:** Wie dokumentieren wir die Ergebnisse, wo legen wir sie ab und ermöglichen den Zugriff?
- **Qualitätssicherung:** Wie überprüfen wir den Arbeitsfortschritt? Wie wird die Arbeitsqualität sichergestellt?
- **Außendarstellung:** Wie stellen wir uns nach außen dar? Wie kommunizieren wir unsere Fortschritte?
- **Teamhygiene:** Wie stellen wir das „Wohlfühlen“ im Team sicher?

# Schritt 3: Kraftvolles Leitbild entwickeln

## WORUM GEHT ES?

Es erfordert eine Menge Schöpfungskraft, Mut und Beharrlichkeit, Neues in die Welt zu bringen. „Ein Mensch mit einer neuen Idee gilt so lange als Spinner, bis die Idee Erfolg hat", fasste MARK TWAIN zusammen. All unser technischer Komfort wie elektrischer Strom, fließendes Wasser, Telefon etc. entsprang zunächst einer mutigen Idee, an die jemand glaubte und sie realisierte.

Bei Veränderungsvorhaben geht es nicht um die Sanierung der Vergangenheit, sondern um die Neuausrichtung und Gestaltung der Zukunft. Dafür braucht es ein ergebnisoffenes Zielbild (eine Vision), wohin die Reise gehen soll. Innere und äußere Bilder strukturieren das Denken und lenken die Wahrnehmung. Menschen, die sich verändern und neue Strukturen erschaffen sollen, brauchen richtungsweisende Bilder als Kompass, sonst verirren sie sich (z.B. im Detail).

„Hoffnung ist nicht die Überzeugung, dass etwas gut ausgeht, sondern die Gewissheit, dass etwas Sinn macht, egal wie es ausgeht." VACLAW HAVEL (1936–2011)

Das Leitbild ist die Basis für die Ausrichtung einer Organisation. Eine attraktive und zugkräftige Formulierung kann Hoffnung wecken und zur Gestaltung einer wünschenswerten Zukunft inspirieren. Das Leitbild enthält:

- **Mission** – Auftrag: „Wofür existiert die Organisation?"
- **Werte** – Leitprinzipien: „Was leitet unser Handeln?"

- **Vision** – Willenskraft: „Wohin wollen wir uns entwickeln?“

**Aktuelle Leitbilder von Unternehmen**

*Chanel*: „To be the Ultimate House of Luxury, defining style and creating desire, now and forever.“
*Amazon*: „It's our goal to be Earth's most customer-centric company, where customers can find and discover anything they might want to buy online.“
*Daimler*: „Als Erfinder des Automobils ist es unsere Motivation und Verpflichtung, die Mobilität der Zukunft sicher und nachhaltig zu gestalten – mit richtungsweisenden Technologien, herausragenden Produkten und maßgeschneiderten Dienstleistungen.“

## WAS BRINGT ES?

Jede Veränderung braucht Orientierung. Wird die gemeinsame Ausrichtung am Leitbild konsequent (vor)gelebt, bildet sich in der Folge die Kultur. Jede Organisation entwickelt durch das gelebte Führungsverhalten eine einzigartige Ausstrahlung, man kann sagen Persönlichkeit. Das spürbare Wertesystem wird zu einem von innen nach außen heraustretenden Selbstverständnis. Die Strahlkraft bilden letztlich Marke und Image. Ein kraftvolles und gelebtes Leitbild (Bild 10) gibt innerhalb einer Organisation Verhaltensorientierung. Nach außen strahlt es durch die Produkte und Dienstleistungen Attraktivität und Verlässlichkeit aus. Es ist die Grundlage für die Strategie.

Die **Mission** ist der Auftrag und die Existenzgrundlage. Es wird geklärt: „Wozu existiert die Organisation?“, „Wodurch unterscheidet sie sich von anderen?“. Die Mission wird durch die Kreativität der Gründer geprägt. Aus der Mission bilden sich Werte und Normen einer Organisation.

Die **Vision** zeigt, wohin sich die Organisation entwickeln möchte – wonach sie strebt.

Die **Werte** bilden die Grundannahmen und Leitprinzipien einer Organisation, an denen sich alles Handeln ausrichtet. „Wie verhalten wir uns gegenüber Mitarbeitern, Kunden, Partnern, der Gesellschaft?"

**Bild 10:** *Leitbild: Mission, Vision, Werte*

Aus Mission und Vision leitet sich die **Strategie** ab, die Wegrichtung mit konkreten **Zielen** und **Kennzahlen**. Die Strategie beschreibt den Weg zur Vision. Über die Prozesse mit ihren Aufgaben und Verantwortlichkeiten werden Mission und Vision verknüpft und durch konkrete Handlungen zu Ergebnissen (Structure follows strategy).

## WIE GEHE ICH VOR?

Mission, Vision und Strategie werden von der obersten Führung formuliert. Sie entscheidet, wohin sich die Organisation entwickeln soll und definiert somit die Richtung, wohin die Reise gehen soll.

Ein einfaches Modell zur Analyse der Ausgangslage mit anschließender Strategieentwicklung ist das Business Model Canvas (Bild 11) von Alexander Osterwalder. Es bietet eine Darstellung aller relevanten Komponenten für das Geschäftsmodell (Business Model) und beschreibt, wie eine Organisation Leistungen erbringt, Kunden erobert und bindet. Canvas (englisch „Leinwand“) ist in diesem Fall wörtlich zu nehmen, denn wie ein Maler eine leere Leinwand vor sich hat, können die Akteure gemeinsam auf einem riesigen Blatt Papier anhand von neun Aspekten mit entsprechenden Fragen einen Blick auf die existierende Organisation werfen, die unterschiedlichen Standpunkte diskutieren und eine gemeinsame Sichtweise bezüglich des aktuellen Zustands entwickeln.

Zu neun Aspekten werden folgende Fragen beantwortet:

- Das Produkt, die Leistung, der **Nutzen für den Kunden:** Was genau ist das Produkt, die Leistung, der Wert bzw. Nutzen für den Kunden, den wir erzeugen?
- Die **Kundengruppen** bzw. auch Kundensegmente: Wer sind unsere Kunden? An wen liefern wir unsere Leistungen (Produkte, Dienstleistungen etc.)? Wer hat einen Nutzen von unseren Leistungen?
- Der **Vertriebskanal:** Auf welche Weise kommt das Produkt zum Kunden? Durch welche konkreten Medien, Orte wird das Produkt zum Kunden geliefert?
- Die **Beziehung zum Kunden:** In welcher Beziehung stehen wir zu unseren Kunden? Wie kommunizieren wir miteinander?
- Die **Umsätze:** Wie generieren wir unsere Umsätze? Wie ist unsere Preisstruktur?
- Die **Kosten:** Welche Kosten entstehen bei der Leistungserbringung? Was sind die größten Kostenblöcke?
- Die **Ressourcen:** Welche Ressourcen (Material, Rohstoffe,

Mitarbeiter etc.) benötigen wir zur Erstellung unserer Produkte und Leistungen? Welche Ressourcen stehen uns zur Verfügung?

- Die **Schlüsselaktivitäten:** Was sind unsere Schlüsselaktivitäten? Wie entstehen unsere Produkte und Leistungen? Was genau sind unsere Kernprozesse?
- Die **Schlüsselpartner:** Wer sind unsere Partner? Wie ist die Beziehung zu unseren Partnern?

Für jeden einzelnen Aspekt können die Akteure nun definieren, was gut (Gains – Steigerung) und was nicht so gut (Pains – Schmerzen) läuft. Aus den Pains ergeben sich die Handlungsschwerpunkte des Veränderungsvorhabens. Diese werden festgehalten, priorisiert und anschließend in Lösungen überführt.

**Bild 11:** *Business Model Canvas*

## Schritt 4: Vorhaben kommunizieren

### WORUM GEHT ES?

Wer Neues wagt und andere auf den Weg mitnehmen möchte, braucht Überzeugungskraft und Glaubwürdigkeit. Damit sich Menschen von einer unbefriedigenden Ausgangssituation in eine unbekannte „neue Welt" auf den Weg begeben, müssen sie den Sinn verstehen und davon überzeugt sein. Es sind die gemeinsamen Überzeugungsmuster, die das Neue erschaffen. Die eigentlichen Grenzen existieren nur in unseren Köpfen. Ansonsten liegt ein weites Feld von ungeahnten Möglichkeiten vor uns. Unmöglich ist nur das, was wir für unmöglich halten.

„Es erscheint immer unmöglich, bis es vollbracht ist." NELSON MANDELA, südafrikanischer Widerstandskämpfer, Friedensnobelpreisträger und Staatspräsident

Je nachdem, auf welche Weise Informationen vermittelt werden, können sie Klarheit schaffen, die Fantasie des Empfängers anregen, Emotionen wecken und aktivierend wirken. Sie können Begeisterung auslösen oder Angst schüren. Beides wird durch **Bedürfnisse** nach (Selbst-)Sicherheit, Zugehörigkeit, Anerkennung und Selbstverwirklichung aktiviert.

Daher ist es wichtig, die Kommunikation an den Bedürfnissen derjenigen zu orientieren, die von der Veränderung betroffen sind, und sie mit Glaubwürdigkeit zu überzeugen. Die wirkungsvollste Kommunikation ist das eigene Vorbild.

## WAS BRINGT ES?

„Ein Vakuum, geschaffen durch fehlende Kommunikation, füllt sich in kürzester Zeit mit falscher Darstellung, Gerüchten, Geschwätz und Gift“, befand der britische Soziologe Cyril Northcote Parkinson (1909–1993). Nichtinformieren stiftet meist mehr Unruhe als eine kurze und präzise Information über aktuellen Stand und nächste Schritte. Menschen brauchen Verlässlichkeit.

Sie spüren, wenn sich in Organisationen etwas verändert. Kleinste Signale werden sofort aufgenommen und interpretiert. Ein Informationsvakuum führt schnell dazu, dass sich jeder wie ein Detektiv auf die Suche nach Informationen begibt. Es werden Möglichkeiten und Wahrscheinlichkeiten ausgelotet, und bald ist die Gerüchteküche in vollem Gang.

Informationen erhalten ihren Wert durch die Interpretation auf verschiedenen Ebenen des Empfängers, die teils bewusst, größtenteils aber unbewusst abläuft. Nur wer die Verbindung von Logik und Emotion beherrscht und mit der Macht der Worte die Herzen der Menschen erreicht, ist in der Lage, Veränderung zu gestalten.

## WIE GEHE ICH VOR?

Überzeugung und Vertrauen beruhen auf glaubhafter Argumentation. „Der Unterschied zwischen einem nahezu richtigen Wort und einem treffenden ist groß – es ist der Unterschied zwischen einem Glühwürmchen und einem Blitz“, meint dazu Mark Twain. Dabei sind wichtig:

1. **Klarheit der Botschaft:** Was genau soll kommuniziert werden?

2. **Beziehung zur Zielgruppe:** Wie werden die Informationen kommuniziert?
3. **Wahl der Medien:** Wie häufig und über welche Medien werden die Informationen vermittelt?
4. **Menschen bewegen:** Wie lange dauert es, bis das Veränderungsvorhaben in Bewegung kommt?

## 1. Die Klarheit der Botschaft (Was?)

Das Formulieren von Botschaften ist die Basis für positive und zielgerichtete Aktivitäten aller Beteiligten im Veränderungsprozess. Überzeugende Botschaften folgen einer einfachen Struktur, die vom Werbestrategen Elmo Lewis im Akronym AIDA zusammengefasst wurden. Es steht für **A**ttention (Aufmerksamkeit), **I**nterest (Interesse), **D**esire (Wunsch) und **A**ction (Handlung).

Da Veränderungsvorhaben den Betroffenen ebenfalls aktivierend und überzeugend vermittelt werden müssen, können sie nach diesem Muster aufgebaut werden:

### 1. Das Thema einfach formulieren (Headline)

„Worum geht es überhaupt?" Menschen brauchen einfache, aber eindringliche Botschaften. Komplizierte Sätze und vieldeutige Fachwörter prägen sich nicht ein und stiften allenfalls Verwirrung. Eine einfache Headline bleibt hängen. Willi Brandts „Mehr Demokratie wagen" ist uns bis heute vertraut. Auch das Deutsche Grundgesetz, Artikel 14: „Eigentum verpflichtet", kennt jeder.

### 2. Dem Problem Dringlichkeit verleihen (Attention)

„Warum ist das Thema ein Thema?" „Warum ist es gerade jetzt ein Thema?" „Was hat das mit der Zielgruppe zu tun?"

„Was passiert, wenn alles so bleibt, wie es jetzt ist?" Um eine Handlungsbereitschaft (Dringlichkeit) bei den betroffenen Menschen zu erzielen, ist es gut, an vergangene Erfolge anzuknüpfen und an die individuellen Bedürfnisse (Sicherheit, Zugehörigkeit, Anerkennung und Selbstverwirklichung) so anzuknüpfen, dass ihre Aufmerksamkeit (Attention) geweckt wird – wie in der Werbung. Erst wenn das Veränderungsvorhaben einen persönlichen Bezug hat, entsteht Handlungsbereitschaft. Dafür eignen sich konkrete Beispiele, Fakten, aber auch Metaphern. Der Problem-Check **SUSA** unterstützt dabei:

- **S wie Symptome:** Welche Symptome zeigt das Problem? Wen betrifft es besonders? Wer leidet auf welche Weise? Beschreiben Sie das Problem konkret.
- **U wie Ursache:** Welche Ursachen hat das Problem? Woher kommt das Problem? Wann hat es begonnen? Sammeln Sie Zahlen, Daten, Fakten.
- **S wie Story zum Problem:** Wie hat es sich entwickelt? Wie sind die Menschen von dem Problem betroffen? Welche konkreten Beispiele gibt es?
- **A wie Auswirkungen des Problems:** Wie wirkt sich das Problem aus? Wer trägt die Konsequenzen und wie könnten sich diese Konsequenzen ausweiten? Sammeln Sie alle Konsequenzen, die sich aus dem heutigen Problem ergeben, wenn jetzt nicht gehandelt wird.

### 3. Das konkrete Ziel veranschaulichen (Interest)

Sind sich die Betroffenen über das Problem im Klaren, kann man ihnen das konkrete Ziel oder die beabsichtigte Lösung schmackhaft machen. Das Interesse (Interest) für eine Lösung ist geweckt. Ein klares, richtungsweisendes Ziel gibt den Betroffenen Orientierung und weist den Weg ihrer zukünftigen Handlungen. Dafür braucht es ein konkretes Bild, das Hoffnung weckt. Es muss tatsächlich in einem bestimmten Zeitraum erreicht werden. Folgende Fragen unterstützen: „Was genau ist das Ziel?“, „Wie sieht die Lösung aus?“, „Woran können wir sie erkennen?“.

### 4. Den Nutzen bedürfnisorientiert aufzeigen (Desire)

Jetzt gilt es, den individuellen Nutzen, der entsteht, wenn das Ziel erreicht ist, zu verdeutlichen. Es wird an die Bedürfnisse (Sicherheit, Zugehörigkeit, Anerkennung, Selbstverwirklichung) der Betroffenen erinnert und die Sehnsucht (Desire) geschürt. Was genau haben die Adressaten der Botschaft davon, dass sie sich dafür einsetzen? Welche ihrer Erwartungen können erfüllt werden? Was wird konkret für sie anders/besser sein?

### 5. Die konkreten nächsten Schritte vermitteln (Action)

Sollen aus Betroffenen Beteiligte werden, dann brauchen sie neben den Informationen über die Ausgangslage sowie die Zielsetzung auch die Wegbeschreibung. Es muss nicht ein ganzer Reiseführer sein. Es reicht eine kurze Skizze für die nächsten konkreten und verbindlichen Schritte (Action). Sie erfahren, welchen Beitrag sie in welcher Art leisten sollen, wer sie dabei begleitet und wann genau das stattfinden soll. Was genau soll von wem getan werden? Welche konkreten Maßnahmen in welchem Zeitraum kommen konkret auf wen zu? Wer oder was wird sie dabei unterstützen?

### 6. Zusammenfassen und motivieren

Es ist hilfreich, am Ende das Wichtigste zu wiederholen und das Wir-Gefühl zu aktivieren.

Hat die Botschaft keine klare Herausforderung und kein konkretes Ziel, rauschen die Mitteilungen an den Empfängern vorbei oder führen zu vielen Fragen. Gibt es am Ende keine konkreten nächsten Schritte, stellt sich für die Informierten die Frage, was sie mit den Informationen anfangen sollen und was jetzt wirklich auf sie zukommt.

Um die **Glaubwürdigkeit** einer Botschaft zu untermauern, müssen Führungskräfte erläutern, wie sie selbst zum Vorhaben stehen und was sie dazu beitragen. Noch mehr als die passenden Worte überzeugen konkrete Taten oder auch symbolische Handlungen.

## 2. Information für die Zielgruppe (Wie?)

Es geht darum, die richtigen Informationen zum richtigen Zeitpunkt an der richtigen Stelle mit der richtigen Intention und in der richtigen Form zu kommunizieren. Für die einzelnen Organisationsebenen bedeutet das:

Auf der **strategischen Ebene** werden Richtung und Bedeutung des Vorhabens für den Erfolg der Organisation geklärt. Im Mittelpunkt steht die Frage: „Warum (Ursache) und wozu (Zielsetzung) tun wir das gerade jetzt?“ Die Kommunikation auf dieser Ebene muss so breit wie möglich angelegt sein, sodass jeder sich in den Aussagen wiederfindet und breite Akzeptanz erzielt wird.

Auf der **operativen Ebene** wird die zielgerichtete und

messbare Durchführung der Veränderungen gesichert. Die Informationen sind sehr konkret. Den Betroffenen werden die nächsten Schritte des Vorhabens vermittelt, sodass sie genau wissen, was zu tun ist. Geklärt wird: „Welche konkreten nächste Schritte stehen an?“, „Wer ist wofür zuständig und welche Mittel stehen zur Verfügung?“.

Um die Informationen genau auf die Zielgruppe zuzuschneiden, sind vorbereitend folgende Fragen zu klären:

- **Ursache:** Was genau sind die Gründe der Veränderung?
- **Ziel:** Wozu genau wird die Veränderung durchgeführt?
- **Konsequenzen:** Welche Auswirkungen hat das auf Arbeitsplätze, Entwicklungsmöglichkeiten etc.
- **Art, Umfang und Zeitrahmen:** Welche Maßnahmen sind in welchem Zeitraum geplant?
- **Zielgruppe:** Wer ist in welcher Form davon betroffen und muss informiert werden?
- **Botschaft:** Welche konkreten Informationen brauchen die jeweiligen Personen(gruppen)?
- **Zeitpunkt:** Wer wird wann genau informiert?
- **Überbringer:** Wer genau informiert die jeweiligen Personen(gruppen)?
- **Medien:** Mit welchen Kommunikationsmitteln wird wie informiert?

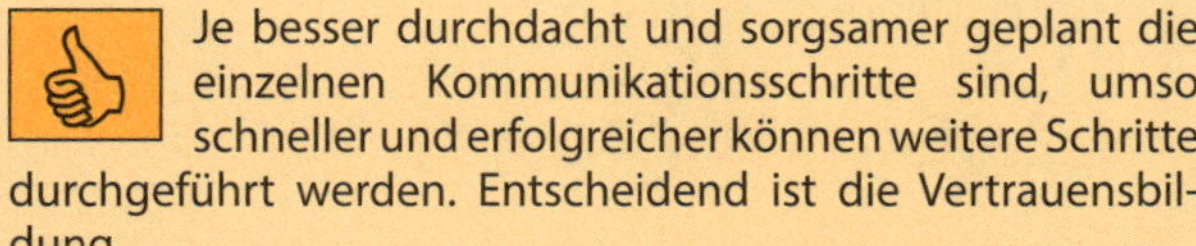

Je besser durchdacht und sorgsamer geplant die einzelnen Kommunikationsschritte sind, umso schneller und erfolgreicher können weitere Schritte durchgeführt werden. Entscheidend ist die Vertrauensbildung.

Wichtig ist insgesamt:

- **Frühzeitig informieren,** sodass wichtige Informationen direkt nach dem Beschluss an die Betroffenen gerichtet werden und die Mitarbeiter Neuigkeiten nicht aus den Medien oder durch den „Flurfunk" erfahren.
- **Die Botschaft einfach formulieren,** sodass jedem Ausgangssituation und Zielrichtung sowie die konkreten nächsten Schritte klar sind. Menschen brauchen Orientierung. Sie müssen wissen, was auf sie zukommt.
- **Eine konkrete und verbindliche Aussage treffen,** damit sich die Mitarbeiter auf die Veränderungen einstellen können. Es wird nur das kommuniziert, was bis zu dem Zeitpunkt an konkreten Fakten vorliegt.
- **Ehrliche Aussagen über offene und anstehende Entscheidungen treffen,** auch negative Nachrichten wie Arbeitsplatzverlust und Standortverlegung müssen vermittelt werden. Es wird deutlich gemacht, was bekannt und was noch nicht bekannt ist.
- **Die Betroffenen darüber informieren, wann und von wem sie die nächsten Informationen verbindlich erhalten.** Der genannte Termin muss dann auch eingehalten werden. Menschen brauchen verbindliche Aussagen.
- **Ansprechpartner benennen und vorstellen,** die als Multiplikatoren Fragen beantworten und eine Verbindung zwischen Mitarbeitern und Initiatoren pflegen.

## 3. Wahl der Medien (Womit?)

Die Wahl der Kommunikationsmittel orientiert sich daran, was genau mit der Information erreicht werden soll. Uns steht heute eine Fülle von Kommunikationsinstrumenten zur Verfügung. Es gilt, die Frage zu klären:

**„Was ist das richtige Medium für welche Mitteilung?“** Je nachdem, wer welche Information braucht, wird entschieden, welches Medium verwendet wird. Folgende Kommunikationsinstrumente stehen zur Auswahl:

- Die Erstinformation kann über ein **Rundschreiben** oder über die einzelnen Führungsebenen in Form von **Abteilungs- oder Teaminformationen** erfolgen.
- **Großveranstaltungen** ermöglichen das hierarchieübergreifende Zusammentreffen (Get-together). Die oberste Führung stellt Vision und Strategie vor, und entsprechend den gewählten Formaten wie z. B. Real Team Strategic Conferences, Open Space oder BarCamp werden gemeinsam Schwerpunkte gesetzt sowie Projekte definiert und in Gang gesetzt.
- Die **Projekte** werden in Workshops (wie Kick-off-Meeting) mit Gruppen bearbeitet. Workshops können z. B. zur Teamentwicklung, Zielvereinbarung, Prozessoptimierung und Produktentwicklung stattfinden.
- Die **Ergebnisse der Workshops** werden in **Entscheiderrunden** (Lenkungskreis, Vorstandssitzung) präsentiert. Hier wird über den Fortgang und die verfügbaren Mittel entschieden.
- Unmittelbar danach sollten die entsprechenden Mitarbeiter in **Informationsveranstaltungen** über die getroffenen Entscheidungen informiert werden und dazu auch Fragen stellen können. Mit relativ wenig Aufwand kann man auf diese Weise vielen Ängsten, Sorgen und Spekulationen in der Belegschaft vorbeugen.
- Im Rahmen des Veränderungsprojekts bedarf es einer **Koordinationsgruppe (Multiplikatoren),** die Analysen durchführt, die Ergebnisse bündelt, Veranstaltungen und

Workshops organisiert und jederzeit Ansprechpartner für Fragen und Anregungen ist. Diese Gruppe steuert die Veränderungsaktivitäten, moderiert Workshops und unterstützt bei Abstimmungsprozessen.

- Für die funktionsübergreifende Projekt- und Prozessarbeit sind **Meetingstrukturen** zu etablieren, damit die einzelnen Themen systematisch umgesetzt werden.
- Wichtig sind **Erfolgsberichterstattungen,** in denen Mitarbeiter Erfolge aus ihrem eigenen Aufgabenbereich vorstellen und Etappenziele gefeiert werden. Das Erreichte wird gewürdigt und für das große Ziel motiviert.
- Regelmäßige Informationen über die Fortschritte halten die Motivation aufrecht, z. B. über das **Intranet,** das **Schwarze Brett** oder im **Newsletter.**
- **Social-Media-Tools** können als **Informations**- und **Feedbackinstrumente** eingebaut werden.
- Ein **Briefkasten** kann für anonyme Fragen, Kritik und zur Informationsgewinnung eingerichtet werden.
- Außergewöhnliche Events z. B. **Firmenfeiern** stärken das Zusammengehörigkeitsgefühl.
- **Persönliche Kommunikation** zwischen den Führungskräften und Mitarbeitern ist immer wichtig, besonders aber bei Themen mit hohem Konfliktpotenzial.
- **Einzelgespräche** sind das wirksamste Kommunikationsmittel. Das können Mitarbeitergespräche sein oder auch Coachings. Das kann entsprechend der Thematik von Führungskräften, Kollegen sowie internen oder externen Coaches durchgeführt werden.

In einer regelmäßig stattfindenden freiwilligen Informationsveranstaltung präsentieren Mitarbeiter aus unterschiedlichen Bereichen ihre Erfolgserlebnisse. Dadurch wird einerseits konkretes Wissen, aber auch die Sicherheit, dass man Veränderung durch konkrete Problemlösungen herbeiführen kann, vermittelt.

Zur Information vieler Menschen kann man das Format „BarCamp" nutzen. Das ist eine Veranstaltung mit offener Tagesordnung. Die Inhalte werden von den Teilnehmern zu Beginn selbst eingebracht. Der Verlauf orientiert sich an den Interessen der Teilnehmer. BarCamps dienen dem inhaltlichen Austausch. Es können jedoch auch Themen diskutiert und bearbeitet werden, sodass am Ende bereits konkrete Ergebnisse oder Verbesserungen vorliegen bzw. neue Projekte definiert werden.

Die Moderatoren führen so durch das BarCamp, dass alle Themen Raum bekommen und die Arbeitsgruppen sich schnell in den geeigneten Räumlichkeiten mit ausreichend Infrastruktur und Material zusammenfinden können. Auch die Sammlung und Verteilung der Ergebnisse bedarf einer guten (Infra-)Struktur. Im Schlussplenum werden alle Ergebnisse zusammengefasst und wird gemeinsam mit den Teilnehmern das gute Gelingen gefeiert.

Der Erfolg der Veranstaltung hängt letztlich von den Fähigkeiten der Moderatoren/des Moderators ab.

## 4. Menschen bewegen

Menschen brauchen Zeit, sich mit Neuem anzufreunden und ihre Unsicherheit diesbezüglich zu reduzieren. Der US-amerikanische Soziologe Everett M. Rogers (1931–2004) hat folgende Adaptionsstufen nachgewiesen:

1. **Kenntnis und Informationen über das Neue** (z.B. über eine Veränderung in der Organisation) erhalten. Die Information wird mit der individuellen Bedürfnislage abgeglichen.

2. **Überzeugung dem Neuen gegenüber entwickeln** (positiv oder negativ). Egal, welche Haltung die Person hier einnimmt, es geht weniger um rationale Argumente, sondern vielmehr um emotionale Befindlichkeiten.
3. **Entscheidung für oder gegen das Neue.** Sich für oder gegen etwas zu entscheiden bedeutet, seine Unsicherheit zu überwinden. Dabei hilft es, auszuprobieren oder von anderen ihre Erfahrungen mitgeteilt zu bekommen.
4. **Anwenden und Einführen des Neuen.** Auch hier gibt es noch Unsicherheiten. Sie sind umso größer, je mehr Personen am Entscheidungsprozess beteiligt sind und je mehr Neues integriert werden muss.
5. **Bestätigung für oder gegen das Neue suchen.** Menschen suchen Bestätigung für die Richtigkeit ihrer Entscheidung. Nachdem sie sich für etwas entschieden haben, sammeln sie weitere Informationen. Sie versuchen, ihre Unsicherheiten bezüglich ihrer Entscheidung durch zusätzliche Erkenntnisse weiter zu reduzieren.

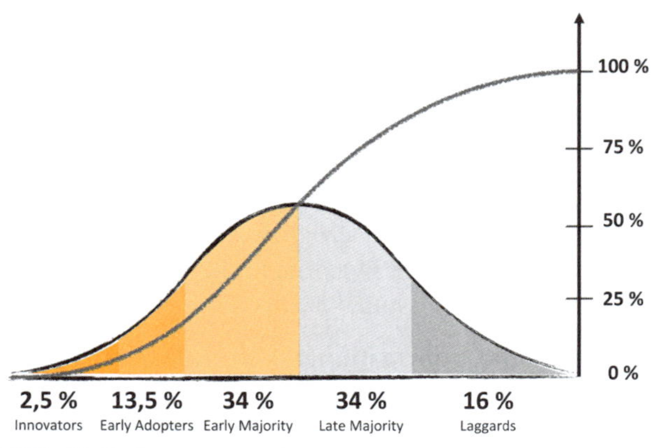


**Bild 12:** *Veränderungen annehmen*

Die individuelle Bewertung der persönlichen Konsequenzen bestimmt die Einstellung zur Veränderung. Sie entscheidet darüber, ob jemand Förderer oder Gegner eines Veränderungsvorhabens ist, bleibt oder seine Einstellung dazu verändert. Everett M. Rogers konnte verschiedene Akteursgruppen identifizieren (Bild 12):

- **Innovators** (2,5 %) sind in der Regel die Initiatoren von Veränderungen. Sie sehen ihre Chance und haben ein persönliches Interesse am Gelingen der Veränderung.
- **Early Adopters** sind frühe Erstanwender (13,5 %). Sie erkennen ihre Chance und den Nutzen der Veränderung. Sie übernehmen gerne die Rolle der Multiplikatoren.
- **Early Majority** (34 %), frühe Mehrheit. Das Neue wird deutlich später angenommen. Erst wenn sie ihre Vorteile erkennen und sich sicherer sind, beteiligen sie sich.
- **Late Majority** (34 %), die späte Mehrheit ist Veränderungen gegenüber abwartend und skeptisch. Sie freundet sich nur langsam mit Veränderungen an und wird erst durch konkrete Erfolge überzeugt.
- **Laggards** (16 %), die Nachzügler sind die Letzten, die Neues aufgreifen. Sie sind Veränderungen gegenüber abgeneigt, oft auf Traditionen fokussiert und bilden die Gruppe der Bremser oder auch Gegner.

Veränderungen ohne Widerstände gibt es nicht. Sie erscheinen in folgenden Ausdrucksformen:

- **Aktive Gegner** bringen ihre Haltung offen zum Ausdruck. Sie sind von ihrer Haltung überzeugt und verteidigen sie. Ihre Argumente und Einwände können den Veränderungsprozess auch positiv beeinflussen.
- **Untergrundkämpfer** gehen in ihren Aktivitäten verdeckt

vor. Sie sind schwierig zu erkennen und dadurch auch gefährlich.

- **Innere Emigranten** haben angesichts der Neuerungen innerlich gekündigt und machen „Dienst nach Vorschrift“.
- **Offene Emigranten.** Sie haben sich entschlossen, den Wandel nicht mitzutragen, und verlassen die Organisation. Das können Leistungsträger sein, die für sich nach der Veränderung keinen Platz mehr sehen.

Um die vom Veränderungsvorhaben Betroffenen zu erreichen, ist demzufolge eine einmalige Information über das Vorhaben nicht ausreichend, sondern es ist ein kontinuierlicher Informations- und Kommunikationsfluss über das Vorhaben und vor allem seine Erfolge notwendig. „Klappern gehört zu Handwerk“, weiß der Volksmund.

# Schritt 5: Erreichbare Ziele planen

## WORUM GEHT ES?

Die meisten Menschen suchen nach Orientierung und einer Hand, die sie führt. Sie wollen jedoch nicht gegängelt, bevormundet und kontrolliert werden. Vielmehr möchte sich jeder selbst ein Stück weit verwirklichen können, ein Ziel anstreben und für seine Erfolge gewürdigt werden. Die Veränderung einer ganzen Organisation ist in der Regel ein eher größeres Vorhaben, was man besser in kleine Teile zerlegt, sonst geht schnell die Puste aus.

Wer einen Marathon laufen möchte, beginnt sein Training auch nicht mit einem 40-Kilometer-Lauf. Vielmehr plant man für das große Vorhaben Etappenziele ein. Will man also ein übergeordnetes Organisationsziel erreichen, dann ist es sinnvoll, Erfolgserlebnisse zu schaffen.

Das Leitbild des Veränderungsvorhabens gibt die Richtung vor, wohin es gehen soll. Dafür werden in regelmäßigen Abschnitten Ziele angestrebt, geplant, kommuniziert und koordiniert. Das gemeinsame Erreichen der Etappenziele motiviert wiederum für die nächsten Aktivitäten.

Eine **umsichtige Führung** berücksichtigt Folgendes:

- Das große Bild im Auge behalten und Etappenziele gemeinsam im Team vereinbaren,
- Regelmäßig die Umsetzung reflektieren und Erfolge würdigen,
- Zeitnah Entscheidungen für die nächsten Schritte treffen.

Führungskräfte haben egal in welcher Form für ein definiertes Aufgabengebiet Weisungsbefugnis.

In ihrem Verantwortungsbereich (**Entscheidungsebene**) sind sie dafür zuständig, bestimmte Aufgaben (**Prozess-**

**ebene**) mit einem dafür definierten Personenkreis so auszuführen, dass die Unternehmensziele (**strategische Ebene**) erreicht werden. Um die Interaktionen der Einzelnen (**persönliche Ebene**) aufeinander abzustimmen und im Team gemeinsam vereinbarte Etappenziele zu erreichen (**Interaktionsebene**), ist es wichtig, einen Entscheidungsrhythmus (täglich, wöchentlich, monatlich, jährlich) festzulegen und entsprechende Abstimmungsrituale zu definieren.

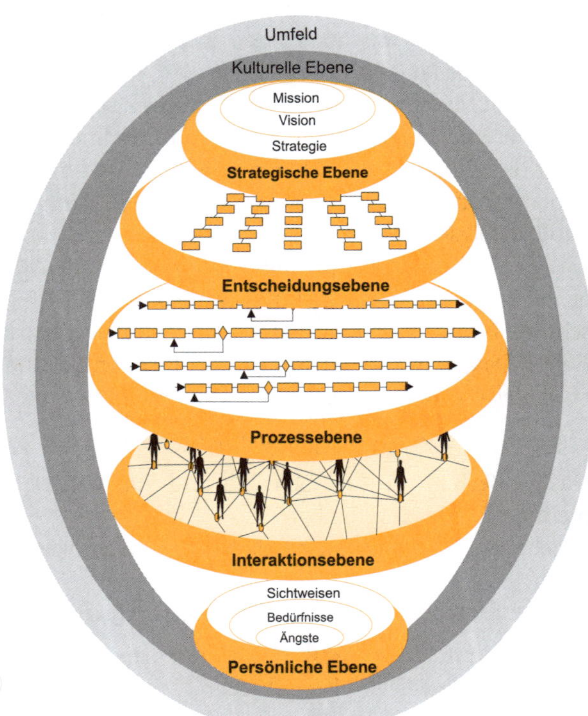


**Bild 13:** *Betrachtungsebenen der Organisation*

Dadurch wird der Weg in kleinen Schritten gegangen (Bild 14). Die Etappen ermöglichen es, genauso wie bei dem Besteigen eines Berges, in zeitlich definierten Abschnitten

- ein Zwischenziel zu erreichen,
- sich Zeit zur Reflexion des Erreichten zu nehmen,
- die Erfolge zu würdigen und
- die nächsten Schritte zu planen.

Durch dieses Vorgehen werden auch die zu treffenden Entscheidungen in einem überschaubaren Rahmen gehalten.

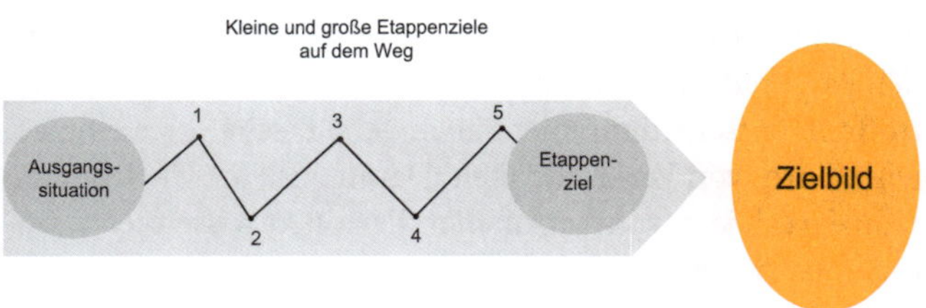


**Bild 14:** *Etappenziele auf dem Weg*

## WAS BRINGT ES?

Bei der Veränderung von Organisationen hat sich der Weg der kleinen Schritte als sicherer, schneller und motivierender erwiesen als der Weg der großen Sprünge. Kurzfristig sichtbare Etappenziele haben den Vorteil, dass bei Erreichen **Freude** entsteht und damit **Motivation für neue Herausforderungen** geschaffen wird. Mit jedem Schritt wird die **Angst vor Unsicherheit reduziert**.

Etappenziele haben den Vorteil, dass individuelle Bedürfnisse getriggert und befriedigt werden. Arbeiten Menschen an einer gemeinsamen Zielsetzung, entsteht ein Wir-Gefühl, damit wird das Bedürfnis nach Vertrauen und **Zugehörigkeit** zu einer Gruppe erfüllt. Erhält diese Gruppe Raum zur Umsetzung, sind alle ein Stück weit Schöpfer ihrer Welt (**Selbstverwirklichung**). Wird das Etappenziel schließlich erreicht und werden die erbrachten Leistungen gewürdigt (**Anerkennung**), motiviert das zu neuen Aktivitäten auf dem Weg zum übergeordneten Ziel. Der Kreis vom gesteckten zum erreichten Ziel schließt sich. Das Selbstwertgefühlt steigt.

Ist eine Entscheidung für einen Weg getroffen, entsteht ein Stück weit **Sicherheit**, denn die Führungskraft hat die Richtung bestimmt, die Verantwortung übernommen und steht damit hinter ihren Mitarbeitern. Mit jeder Entscheidung ist der Weg frei für die nächsten Schritte. Selbst wenn eine getroffene Entscheidung nicht allen gefällt, schafft sie eine gewisse Form von **Verlässlichkeit**. Damit wird die Unsicherheit reduziert. Die davon betroffenen Personen wissen jetzt, woran sie sich orientieren können.

Sind Etappenziele überschaubar und hat man sich bei einer Entscheidung dann einmal geirrt, kann man es schnell erkennen und die **Richtung korrigieren**. Die Frustration bei den Beteiligten ist nicht so hoch. Es wird eher der Wille zu neuen nächsten Taten gestärkt. Ein neuer Anreiz zur Zielerreichung ist geschaffen.

Sind die Etappenziele in einem gleichmäßigen zeitlichen Abstand erreichbar definiert, entsteht Rhythmus und vielleicht sogar Harmonie.

## WIE GEHE ICH VOR?

Zu guten Veränderungsstrukturen gehören klare Entscheidungsrhythmen. Um überhaupt entscheiden zu können, welcher Weg der richtige ist, ist Folgendes festzulegen:

- Woran orientiert sich die Veränderung?
- Was genau ist das übergeordnete Ziel?
- Wer ist wofür verantwortlich?
- Welcher Entscheidungsspielraum steht zur Verführung?
- Wer verfügt über welche Ressourcen?
- Wer stimmt sich wann mit wem und wie ab?

Gerade Selbstorganisation braucht einfache, klare Regeln und einen guten Rhythmus für die Entscheidungsfindung sowie Abstimmung über die nächsten Schritte.

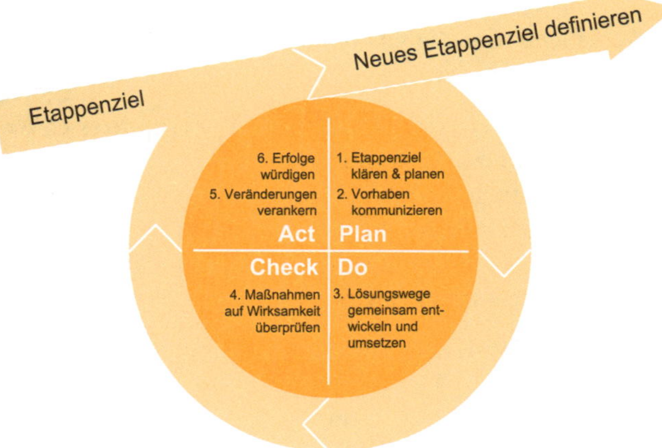


**Bild 15:** *Veränderungsroutine mit PDCA*

Zerlegt man das große Vorhaben in kleine Etappen, wird es überschaubar. Jedes Etappenziel durchläuft die gleichen Schritte des Planens (Plan), Durchführens (Do), Überprüfens (Check) und Verbesserns (Act) in einem kontinuierlichen Rhythmus (Bild 15). Auch hier ist wieder der Auftrag zu klären (Seite 32) und die Kommunikation zu gestalten (Seite 29). Folgende sechs Schritte sind in einem beständigen Kreislauf konsequent zu wiederholen:

1. Etappenziel festlegen und Vorhaben planen.
2. Mitarbeiter informieren und einbinden.
3. Lösungswege entwickeln.
4. Wirksamkeit der Maßnahmen überprüfen.
5. Erfahrungen konsolidieren.
6. Erfolge würdigen und kommunizieren.

## 1. Etappenziel und Vorhaben planen

Ausgehend vom übergeordneten Ziel sind folgende Fragen zu beantworten:

- Wozu existieren wir? Was sind unsere Kernprozesse? Was können wir besonders gut?
- Was genau tragen wir zur Erfüllung der Organisationsziele bei? Was genau ist unsere Rolle?
- Welche und wie viele Ressourcen brauchen wir?
- Welche Werte schaffen wir?

Daraus ergibt sich ein Bild über die aktuelle Situation. Anschließend können die Fragen aus der Auftragsklärung zur weiteren Klärung der Situation beitragen.

- Was genau wollen wir verbessern/verändern? Wo haben wir Handlungsbedarf?
- Wo ist der Handlungsbedarf besonders groß? Was hat Priorität?
- Wie soll es idealerweise sein?
- Wer ist davon betroffen?

- Was hindert uns auf dem Weg zum Ziel?
- Wie können wir die Hindernisse beseitigen?
- Bis wann wollen wir das erreicht haben?

Daraus ergibt sich ein Plan für kurzfristig sicht- und erreichbare Ziele.

## 2. Mitarbeiter informieren und einbinden

Im zweiten Schritt müssen die entsprechenden Mitarbeiter über die nächsten Schritte informiert werden. Dafür ist genau zu überlegen, wer was in welchem Umfang wissen muss und wie es den einzelnen Personen(gruppen) vermittelt wird (siehe dazu Seite 57). Zu bedenken ist:

- **Zielgruppe:** Wer ist von diesem konkreten Vorhaben betroffen? Welche Ängste/Widerstände gibt es?
- **Inhalt der Mitteilung:** Wer braucht welche Information? Was genau müssen sie wissen?
- **Medien:** Wie kann die Information mitgeteilt werden?

In der **Mitteilung** muss enthalten sein:

- Welche konkreten Beiträge leisten wir in unserem Bereich, um die Organisationsziele zu erreichen und zur Vision zu gelangen?
- Was genau ist das nächste Etappenziel?
- Bis wann wollen wir es erreicht haben?
- Woran erkennen wir, dass es erreicht ist?
- Wann treffen wir uns, um die konkreten nächsten Schritte zu planen?

## 3. Lösungswege entwickeln

Der dritte Schritt wird in der Regel ein Training, Workshop oder auch eine Besprechung sein. Die Trainings, Workshops und/oder Besprechungen sollten so konzipiert und gestaltet sein, dass die Teilnehmer sowohl an den Strukturen der Organisation Verbesserungen vornehmen als auch ihre persönlichen Kompetenzen weiterentwickeln. Dafür ist es sinnvoll, je nach Vorgehensweise Moderatoren, Trainer oder auch Coaches einzusetzen. Für das Entwickeln neuer Lösungswege und umsetzbarer Maßnahmen ist regelmäßig ausreichend Zeit einzuräumen.

## 4. Wirksamkeit der Maßnahmen überprüfen

Im vierten Schritt werden die im Training oder Workshop entwickelten Maßnahmen umgesetzt. Durch regelmäßige Abstimmungen (siehe dazu Seite 100) und Reflexion der Ergebnisse werden die Maßnahmen konsequent umgesetzt und nachhaltig in der Organisation verankert.

- Regelmäßige und in kurzen Abständen stattfindende Rücksprachetermine zwingen zur konsequenten Umsetzung.
- Das Überprüfen der Wirksamkeit der Maßnahmen zwingt zur Reflexion der Ergebnisse.
- Das Erreichen von Zielen erzeugt Freude und motiviert für neuen Aktivitäten.

Folgende Fragen unterstützen die Vorbereitung:

- Wozu wurde die Maßnahme durchgeführt?
- Was genau wurde getan?
- Was genau hat sich durch diese Maßnahme verändert?
- Wie war es vor der Maßnahme und wie ist es jetzt?

## 5. Erfahrungen konsolidieren

Der fünfte Schritt ist die Verankerung und Konsolidierung der Veränderungen. Neue Lösungen können nur fest in den Abläufen verankert werden, wenn regelmäßig gemeinsam reflektiert wird, was im Prozess der Lösungsfindung oder Umsetzung gut oder auch schlecht gelaufen ist. Was gut funktioniert, wird übernommen und festgehalten. Was nicht so gut funktioniert, sollte entweder sofort verbessert oder zukünftig vermieden werden. Beides sollte als Erfahrung gesichert werden, um zukünftig Lösungen auf einem höheren Niveau zu generieren. Dafür sind folgende Fragen regelmäßig zu beantworten:

- Was lief gut?
- Was lief nicht so gut?
- Wie können wir das anders/besser machen?

## 6. Erfolge würdigen und kommunizieren

Der sechste Schritt ist die Würdigung der Leistung. Um die Motivation aufrechtzuhalten, ist es an dieser Stelle besonders wichtig, dass die Mitarbeiter für ihre erreichten Leistungen Anerkennung bekommen. Das muss nicht monetär sein. Jede Anstrengung sollte einen würdigen Abschluss finden. Das kann z. B. dadurch erfolgen, dass die Ergebnisse von Veränderungen in einem entsprechenden Forum von den Akteuren präsentiert werden. Das motiviert für neue Leistungen.

Hier müssen folgende Fragen beantwortet werden:

- Wie würdigen wir die Leistung?
- Wie können wir dafür sorgen, dass das Erreichte Verbreitung findet?

Ist das Etappenziel erreicht und damit das Problem gelöst, dann hat in der Regel auch eine Transformation des Verhaltens bei den Personen stattgefunden, die involviert waren. Sie haben Neues gelernt und in ihre Abläufe integriert. Je kleiner die Schritte, desto harmonischer ist die Veränderung für den Einzelne zu realisieren. Ein neu angelegter Garten wächst auch nicht ruckartig, sondern entfaltet sich bei regelmäßiger Pflege kontinuierlich. Genauso brauchen die Organisationsstrukturen regelmäßige Pflege.

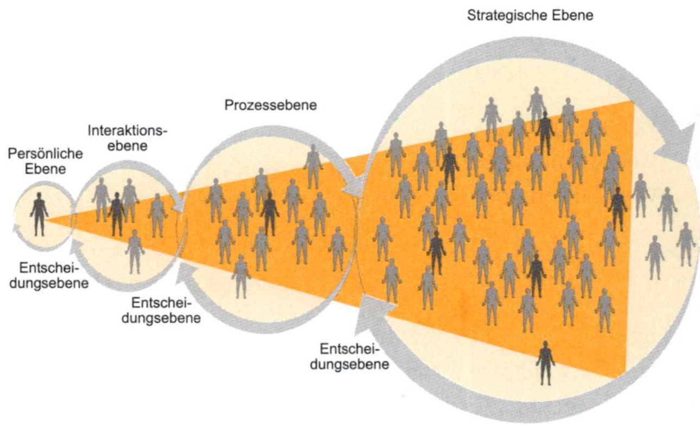


**Bild 16:** *Allmählich alle Mitarbeiter einbinden*

Es gibt immer Themen, die verbessert werden wollen, oder Rahmenbedingungen, die sich ändern. So ist das Ende eines Zyklus der Beginn eines neuen (Bild 15). Das gilt im Großen wie im Kleinen. Der Zyklus wiederholt sich immer wieder. Auf diese Weise werden Schritt für Schritt, Ebene um Ebene immer mehr Mitarbeiter eingebunden, und man kommt dem übergeordneten Zielbild immer näher (Bild 16).

Nach jedem einzelnen Schritt ist mindestens eine Entscheidung fällig (Bild 17):

1. Nach der Auftragsklärung wird über Ziel und Rahmen der Veränderung entschieden.
2. Nach der Information wird über die konkreten Handlungsschwerpunkte entschieden.
3. Nach Trainings und Workshops wird über Lösungswege entschieden.
4. Nachdem die Maßnahmen implementiert wurden, wird über deren Wirksamkeit und Fortsetzung entschieden.
5. Nach der Verankerung der Maßnahmen wird über den Erfolg und das weitere Vorgehen entschieden.
6. Nach der Würdigung der Erfolge beginnt ein neuer Zyklus.

Durch regelmäßige Wiederholung ergibt sich ein Rhythmus.

Übergeordnete Zielsetzung

1. Auftrag klären

Entscheidung für Etappenziel

2. Mitarbeiter informieren

Entscheidung über Handlungsschwerpunkte

3. Gemeinsam Lösungswege entwickeln

Entscheidung über Lösungsalternativen

4. Maßnahmen umsetzen und Wirksamkeit prüfen

Entscheidung über Wirksamkeit

5. Erfahrungen sichern und kommunizieren

Entscheidung über weiteres Vorgehen

6. Erfolge würdigen

Nächstes Etappenziel

**Bild 17:** *Entscheidungen nach jedem Schritt*

# Schritt 6: Gemeinsam Wege gestalten

## WORUM GEHT ES?

Überall keimen die Ideen einer Kultur des Zusammenarbeitens, des Miteinanders, der gemeinsamen kreativen Entfaltung und des selbst organisierten Arbeitens in Teams. Um wirklich Neues gemeinsam zur Entfaltung zu bringen und Schöpfungskraft freizusetzen, braucht es Raum:

- **Zeiträume** für das gemeinsame Reflektieren der aktuellen Situation.
- **Entwicklungsräume** zum Austausch von Sichtweisen und Ideen.
- **Gestaltungsspielräume** zum gemeinsamen Entwickeln neuer Lösungen auf Augenhöhe.
- **Handlungsspielräume** zum Ausprobieren und Umsetzen neuer Maßnahmen.

Ende der 1960er-Jahre wurde von Karin Klebert, Einhard Schrader und Walter Straub auf Basis der in den 1940er-Jahren von Kurt Lewin entwickelten Gruppendynamik und den Erkenntnissen aus der Systemtheorie eine Methode zur Problemlösung und Entscheidungsfindung in Gruppen entwickelt: die Moderationsmethode. Modernisiert und aus den USA kommend, werden die heute gängigen Methoden auch als Facilitation bezeichnet.

Die Moderationsmethode (oder Visual und Dynamic Facilitation) dient dem gemeinsamen Gestalten von Veränderungsprozessen. Sie bildet die Grundlage für unterschiedliche Veranstaltungsformen, wie z. B. tägliche Arbeitsbesprechungen, regelmäßige Reviews, Workshops, Start- und Informationsveranstaltungen, Team- sowie Strategieentwicklungen.

Auch moderne Workshop-Formate wie Design Thinking, Appreciative Inquiry oder Business Model Canvas basieren auf der Moderationsmethode, ebenso wie die Großgruppenveranstaltungen Future Search (Zukunftskonferenz), Open Space, World Café oder Real Time Strategic Change (RTSC).

IKEA führte 2003 erstmals eine Future Search Conference zu folgender Fragestellung durch: „Wie können wir die Produktion von Ektorp optimieren, dabei den Preis um 30 % senken, gleichzeitig den Gewinn beibehalten, die Produktqualität steigern und das Einkaufserlebnis für die Kunden verbessern?" Innerhalb von 16 Arbeitsstunden mit 52 Teilnehmern wurden Ideen für eine einfachere Produktentwicklung und Produktion und weitreichende Entscheidungen zur Umgestaltung der Organisation getroffen. Nach der Konferenz widmeten sich weltweit sieben Arbeitsgruppen den einzelnen Ideen.
www.futuresearch.net/news/articles/JABS273248.pdf

## WAS BRINGT ES?

Das Entwickeln von Lösungen in Gruppen orientiert sich nicht am sachlich-logischen Problemlösungszyklus. Es folgt unbewusst den Phasen der Gruppenentwicklung. Das Nichtbeachten dieser Phasen bewirkt eine Verlagerung der emotionalen Spannungen auf die sachliche Problemlösungsebene und führt dazu, dass die eigentlichen Sachprobleme nicht gelöst, sondern im verbalen zwischenmenschlichen Kampf zermalmt werden.

Der Psychologe Bruce Tuckman identifizierte 1965 auf Basis umfangreicher Studienauswertungen typische Entwicklungsphasen von ungeführten Gruppen (Bild 18):

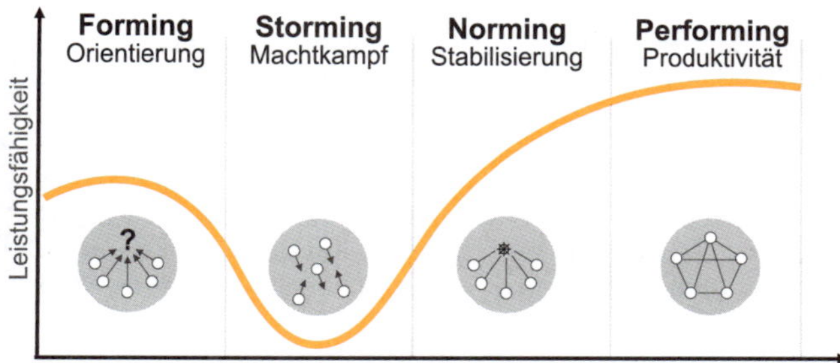


**Bild 18:** *Phasen der Gruppenentwicklung*

- **Forming:** Annähern und Abschätzen, ob eine und wenn ja welche Art der Bedrohung vorliegt. Die Höhe des eigenen Selbstwertes wird unbewusst justiert.
- **Storming:** Unterschiedliche Sichtweisen führen zu unterschwelligen Konkurrenzsituationen, lösen typische Verteidigungsstrategien aus und zeigen sich in Form von Konflikten. Die Leistungsfähigkeit sinkt.
- **Norming:** Meist wird eher unbewusst die Rangordnung geklärt. Einer „hat das Sagen" oder „nimmt das Zepter" in die Hand. Einigt die Gruppe sich auf Rollen oder über das Vorgehen, steigt die Leistungsfähigkeit.
- **Performing:** Auf Basis gemeinsamer Werte und abgestimmter Aufgaben wächst Vertrauen durch Zusammenarbeit.

Gelingt es, an dieser zwischenmenschlichen Verbindungsstelle einen vertrauensvollen Kontakt herzustellen und Raum für Austausch zu schaffen, dann ist sie die Schaltstelle für Lernen, Veränderung und Entwicklung.

Die Erfahrung zeigt, dass Arbeitsgruppen mit mehr als fünf Personen ohne adäquate Begleitung die Storming-Phase nur schwer überwinden können, weil die unterschwellige Klärung der Rangordnung die unterschiedliche Auffassung bezüglich der Lösung eines Problems erschwert. Die Vertrauensbildung ist dadurch gestört und das Misstrauen verhindert die Kooperation. Es kommt zu Machtkämpfen, und die eigentlichen Sachprobleme werden nicht gelöst.

## WIE GEHE ICH VOR?

Um tatsächlich als Gruppe (oder Team) von einer unklaren Ausgangssituation zu einem von allen getragenen Ergebnis zu gelangen, muss sowohl die inhaltliche Problemlösung als auch die emotionale Vertrauensbildung gesteuert werden (Bild 19).

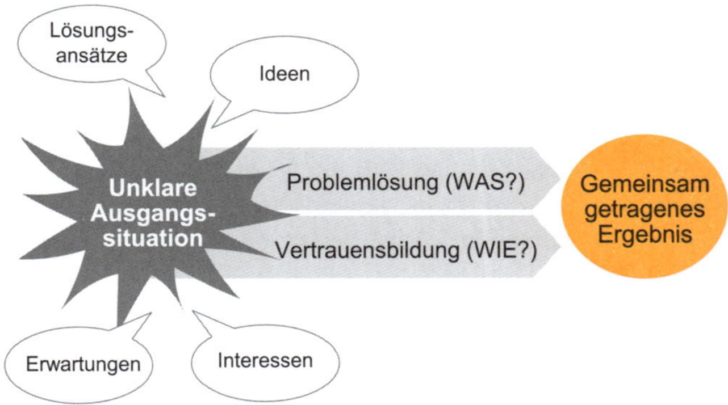


**Bild 19:** *Problemlösung und Vertrauensbildung*

## Phasen einer Gruppenmoderation

Durch das Verknüpfen der Phasen einer Problemlösung mit den Entwicklungsphasen von Gruppen ergeben sich die Phasen der Moderation (Bild 20):

- **1. Eröffnung (Warm-up):** Zunächst wird der Kontakt zu und zwischen den Teilnehmern hergestellt sowie Ziele, Ablauf und zeitlicher Rahmen der Veranstaltung abgestimmt. Diese Phase ist prägend für den gesamten Stimmungsverlauf. Hier wird geklärt:
  - Worum geht es (Ziel)?
  - Wie läuft es ab (Rahmen)?
  - Wer hat welche Erwartungen?
- **2. Themenorientierung:** Die Gruppe wird auf einen gemeinsamen Informationsstand gebracht. Alle Informationen, die aktuell für die Bearbeitung des Themas relevant und zu diesem Zeitpunkt verfügbar sind (wie z.B. Ausgangssituation, Problemstellung, Zielsetzung, Rahmenbedingungen), werden einfach und anschaulich präsentiert. Es wird geklärt:
  - Was genau ist das inhaltliche Thema?
  - Warum ist das Thema ein Thema?
  - Wie ist der aktuelle Stand zu diesem Thema?
- **3. Problembearbeitung:** Die unterschiedlichen Sichtweisen zum Problem werden gesammelt und verdichtet. Nach dieser Phase hat sich die Gruppe auf die zur Lösung des Problems notwendigen Handlungsschwerpunkte geeinigt. Die Themen sind nach Wichtigkeit oder Dringlichkeit sortiert und priorisiert. Es wird geklärt:
  - Wie ist das Problem beschaffen?
  - Wo sind die Handlungsschwerpunkte?
  - Was ist wichtig/dringend?

- **4. Lösungsfindung:** Idealerweise wird jetzt in Kleingruppen nach Lösungen gesucht. Mit folgenden Fragen werden Lösungen entwickelt:
  - Worum geht es?
  - Warum ist das Thema ein Thema?
  - Wie soll es idealerweise sein?
  - Welche Hindernisse gibt es?
  - Wie können wir die Hindernisse beseitigen?
  - Was ist der beste Lösungsweg?

  Anschließend werden die Ergebnisse im Plenum präsentiert und diskutiert. Mit den folgenden Fragen werden die Ergebnisse konsolidiert:
  - Gibt es Fragen, Ergänzungen und/oder Hinweise?
  - Welche konkreten nächsten Schritte halten wir fest?
- **5. Umsetzungsplanung:** In dieser Phase werden Maßnahmen abgestimmt sowie Termine und Verbindlichkeiten vereinbart, um die Umsetzung sicherzustellen. Alle Vereinbarungen werden im Maßnahmenplan festgehalten. In dieser Phase wird geklärt:
  - Welche Maßnahmen werden von wem mit wem bis wann umgesetzt?
  - Wer wird wann wie informiert?
  - Wann finden weitere Abstimmungen statt?
- **6. Abschluss:** Diese Phase schließt den anfangs eröffneten Rahmen bewusst ab. Der Moderator fasst den Ablauf und die Ergebnisse kurz zusammen, um den Teilnehmern zu verdeutlichen, wo sie gestartet sind und was sie erreicht haben. Beim abschließenden Feedback wird die Zufriedenheit mit dem Ergebnis und dem Verlauf mit der Frage geklärt: Wie zufrieden sind die Teilnehmer mit Ergebnis und Verlauf der Veranstaltung?

| Phasen | Inhaltliche Ebene Problemlösung (WAS?) | Emotionale Ebene Vertrauensbildung (WIE?) |
|---|---|---|
| 1. Eröffnen | Ziel und Rahmen der Veranstaltung klären | Kontakt zu und zwischen den Teilnehmern herstellen |
| 2. Themen-orientierung | Gemeinsamen Informations-stand herstellen | Unterschiedliche Sichtweisen anhören und integrieren |
| 3. Problembe-arbeitung | Problem beschreiben, analysieren, verstehen und bearbeiten | Kreative Arbeitsatmosphäre aufrechterhalten |
| 4. Lösungs-findung | Lösungswege entwickeln, auswählen und festlegen | Konsens finden, welche Themen wichtig/dringend sind |
| 5. Umsetzungs-planung | Maßnahmen planen und konkrete Schritte festlegen | Verbindlichkeiten für die Maßnahmen schaffen |
| 6. Abschluss | Zusammenfassen der Ergebnisse und Abschluss | Zufriedenheit mit Ablauf und Ergebnis erfragen |

**Bild 20:** *Phasen der Gruppenmoderation*

Der emotionale Prozess der Gruppe wird in diesen sechs Phasen kanalisiert und die inhaltliche Problemlösung in einem ausgewogenen Rhythmus gesteuert. In den einzelnen Phasen werden Gestaltungsspielräume durch gezielte Fragestellungen eröffnet und die Ergebnisse am Ende jeder Phase mit einer geschlossenen Frage konsolidiert.

Die unterschiedlichen Sichtweisen werden gesammelt und visualisiert, um sie zu diskutieren und im Konsens zu Ergebnissen zu kommen. Eine Mischung aus Gruppendynamik, Gesprächsführung und Entscheidungsfindung sowie der Einsatz von Visualisierungstechniken führt die Teilnehmer zur gemeinsamen Lösungsfindung.

Bei einer gelungenen Moderation schließt sich der Kreis und es entsteht ein Moderationszyklus (Bild 21).

**Bild 21:** *Moderationszyklus*

Entsprechend dem 3-Phasen-Modell von Kurt Lewin (siehe Bild 4, Seite 26) wird

- die Ausgangssituation **reflektiert** (Unfreezing),
- durch gemeinsame Lösungsfindung in eine neue Richtung **bewegt** (Moving), schließlich
- mit dem Definieren von Maßnahmen die Umsetzung geplant und das Neue schrittweise **integriert** (Refreezing).

Die auf Vertrauensbildung beruhende Problemlösungsfindung führt gleichzeitig zur Verhaltensänderung bei allen Beteiligten, bewusst oder auch unbewusst. Die Gruppe lernt und verändert sich miteinander. Der Moderator hat daher immer eine Vorbildfunktion.

## Aufgaben des Moderators

Der Erfolg des Veränderungs- bzw. Problemlösungsprozesses der Gruppe hängt von der Geschicklichkeit des Moderators (engl. Facilitator) ab.

- Der Moderator ist der **Spezialist für die Methodik** und stellt die (Selbst-) Steuerung der Gruppe sicher.
- Er **steuert** die Gruppe und berücksichtigt dabei sowohl die **inhaltliche Problemlösung** als auch den **emotionalen Gruppenprozess.**
- Er wertschätzt alle Teilnehmer gleichermaßen und verhält sich neutral gegenüber Konfliktparteien (**alle Teilnehmer werden gleichermaßen gewürdigt**).
- Er achtet darauf, dass alle ihre Sichtweisen und Ideen einbringen können (**alle Teilnehmer einbinden**).
- Er hat das Ziel der Veranstaltung im Blick und signalisiert der Gruppe Abweichungen (**das Ziel fokussieren**).
- Er ermutigt die Gruppe, einen wertschätzenden Umgang zu pflegen (**Regel vereinbaren und einhalten**).
- Er spiegelt der Gruppe ihr Verhalten und schafft Bewusstsein für Störungen und Konflikte im Umgang miteinander (**Bewusstsein für Verhalten schaffen**).
- Er aktiviert und fokussiert die Gruppe durch Fragen und führt sie durch die Problemlösung zu gemeinsam getragenen Ergebnissen (**durch Fragen führen**).
- Er stellt die eigene Meinung zurück und konkurriert nicht mit den Teilnehmern um Sachfragen. Inhaltlich gibt es weder richtig noch falsch (**inhaltlich zurückhaltend**).
- Er hört aufmerksam zu, fasst zusammen, übersetzt und stellt nicht sich, sondern die Kompetenz der Teilnehmer, das Thema und das Ziel in den Vordergrund (**zuhören, verbinden und zusammenfassen**).
- Er **visualisiert** alles, was die Teilnehmer erarbeiten.

Der Moderator soll engagiert und zielorientiert, objektiv und unparteiisch, sensibel und einfühlend, offen und kreativ sein. Das **beste** Feedback, was er bekommen kann, lautet:

„Das lief alles so wunderbar, ich weiß gar nicht, wofür wir Sie überhaupt gebraucht haben.“

Für den Erfolg moderierter Veranstaltungen sind Vorbereitung, Durchführung und Nachbereitung gleichermaßen wichtig. Dafür ist der Moderator zuständig.

## Vorbereitung einer Moderation

Die Vorbereitung einer Moderation umfasst:

*1. Anlass/Thema/Auftrag klären*

Am Anfang sind folgende Fragen zu klären:

- Worum geht es? Was genau ist das Thema?
- Wann und wo findet es statt?
- Wer genau sind die Teilnehmer?
- Welche Einstellung haben die Teilnehmer zum Thema?

*2. Ziele und Agenda festlegen*

An der Zielsetzung orientieren sich die einzelnen Schritte. Folgende Fragen sind zu klären:

- Was genau ist das Ziel der Veranstaltung?
- Welche konkreten Schritte führen zu diesem Ziel?
- Wie viel Zeit steht zur Verfügung (Beginn, Ende)?
- Wo findet die Veranstaltung statt?
- Wie genau heißen die Agendapunkte?

*3. Teilnehmer identifizieren und einladen*

Um die richtigen Teilnehmer einzuladen, ist zu klären:

- Wer ist von dem Thema betroffen?
- Wen muss ich wann wie beteiligen?

- Wer hat dazu welche Fachkenntnisse?
- Wer ist Multiplikator oder Promotor?
- Wer hat sonst Einfluss auf das Gelingen?
- Wer lädt über welche Medien ein?

*4. Inhaltliche Vorbereitung (Ablauf)*

- Welche methodischen Schritte sind sinnvoll?
- Welche Instrumente werden wann wie eingesetzt?
- Welche Fragen sind zu stellen?
- Welche Konflikte können auftreten?

*5. Organisatorische Vorbereitung*

- Welche organisatorischen Klärungen sind zu treffen (Räume, Hilfsmittel, Anreise etc.)?
- Welche und wie viele Hilfsmittel und Medien werden benötigt (Pinnwand, Flipchart, Beamer etc.)?

*6. Visualisierung vorbereiten*

- Für wen ist die Visualisierung gedacht?
- Welche Inhalte sollen vermittelt werden?
- Was genau soll wozu genau dargestellt werden?
- Auf welchen Medien soll visualisiert werden?

*7. Vorbereitung des Raums*

- Wo und in welchen Räumlichkeiten findet es statt?
- Wann kann der Raum vorbereitet werden?
- Wie soll der Raum eingerichtet sein?
- Welche Ausstattung gibt es vor Ort?

## Durchführen der Moderation

Die Moderation besteht aus aufeinanderfolgenden Phasen, die jeweils **Gesprächsräume** aufspannen. Es geht also immer darum, einen Raum zu eröffnen (offene Frage), den jeweiligen Schritt der Problemlösung vorzunehmen, das Thema zu bewegen und dann den Raum wieder zu schließen, indem die Gruppe sich über die Ergebnisse einigt (geschlossene Frage). Den Abschluss einer jeden Phase bildet immer die Entscheidungsfindung im Konsens über die in der jeweiligen Phase erarbeiteten Ergebnisse (Bild 22).

**Bild 22:** *Phasenweise Konsens herstellen*

Das wichtigste Handwerkzeug für den Moderator sind Frage- und Visualisierungstechniken

## Die Fragetechnik in der Moderation

„Wer fragt, führt." Die richtigen Fragen zu stellen ist die Königsdisziplin einer erfolgreichen Moderation. Die Basis dafür ist das aufmerksame Zuhören gepaart mit einem echten Interesse an den Antworten der Teilnehmer.

Die passenden Fragen ermöglichen es, alle Teilnehmer einzubinden, ihre Sichtweisen klarzustellen, Ursachen und Lösungen zu identifizieren, Stimmungen zu erkennen und auszugleichen, Konsens herzustellen.

Jede der Moderationsphasen wird mit einer offenen Frage weit geöffnet. Der Moderator leitet die Gruppe methodisch durch den jeweiligen Schritt der Problemlösung und schafft so Erkundungs- und Gestaltungsspielraum.

Nach jeder Phase werden die Ergebnisse abgestimmt. Mit der geschlossenen Frage „Sind alle mit dem Ergebnis einverstanden?" wird das Ergebnis konsolidiert und der Raum wieder geschlossen. Mit dem Abgestimmten kann anschließend weitergearbeitet werden.

### Offene Fragen

Für die Moderationsfragen gilt die PAKKO-Regel, aufgezeigt an der Beispielfrage „Welche konkreten Verbesserungsmöglichkeiten sehen Sie in unseren Meetings?".

- **P wie persönlich:** Menschen wollen persönlich angesprochen werden.
- **A wie aktiv:** Aktiv formuliert meint, dass Konjunktive wie „sollten", „müssten" oder „könnten" vermieden werden.

- **K wie konkret:** Es ist wichtig, die Befragten daran zu erinnern, dass zwar alle Antworten möglich sind, aber bitte auch konkret formuliert werden.
- **K wie kurz:** Kurz meint, dass die Frage sich auf das Wesentliche konzentrieren soll.
- **O wie offen:** Offene Fragen werden mit den W-Fragen (Wer? Was? Wie? Womit? Wie viele? Welche?) eröffnet. Sie geben dem Gefragten die Möglichkeit, viele Antworten zu geben. Jeder hat Platz und Raum.

### Geschlossene Fragen

Im Gegensatz zur offenen Frage hat die geschlossene Frage nur wenige Antwortmöglichkeiten: „Ja", „Nein", „Vielleicht" oder „Ich weiß nicht". Der Antwortende muss sich entweder entscheiden oder etwas bestätigen.

- **Entscheidungsfrage:** Jede Phase schließt mit der Frage „Sind alle damit einverstanden?". Hier geht nur „Ja" oder „Nein". Bei einem Nein muss nachgefragt und das Thema wieder aufgenommen werden. Bei einem Ja kann weitergearbeitet werden.
- **Auswahlfrage:** Zum Treffen einer Auswahl aus mehreren Möglichkeiten kann man mit der Mehr-Punkt-Frage eine Gruppenentscheidung herbeiführen, z.B. mit der Frage „Welche dieser Themen haben aus Ihrer Sicht den größten Einfluss auf die Verbesserung der Situation?".
- **Alternativfrage:** Hier wird zwischen „Pro" und „Kontra", „Für" und „Wider" entschieden.
- **Reflexionsfrage:** Die Frage dient zum Hinterfragen, ob man richtig verstanden hat. „Habe ich Sie richtig verstanden ...?" „Meinten Sie ...?"

## Visualisierungstechnik (Visual Facilitation)

Mit „Ein Bild sagt mehr als tausend Worte“ warb 1921 eine Anzeige vom Werbefachmann Fred R. Barnard. Es wurde zum geflügelten Wort und verdeutlicht, dass Visualisierungen komplexe Sachverhalte verständlicher machen können. Durch die visuelle Ordnung entsteht ein für das Hirn leichter zu verarbeitendes Bild. Verbal schwierig auszudrückende Sachverhalte und Zusammenhänge (z. B. Prozessverläufe, Korrelationen) sind durch die Visualisierung leichter zu vermitteln, und ein gemeinsames Verständnis lässt sich besser herstellen.

Dabei wird das gesprochene Wort nicht ersetzt, es ist vielmehr das Ziel der Visualisierung,

- die Aufmerksamkeit zu konzentrieren,
- sicherzustellen, dass alle vom selben Thema sprechen,
- Informationen leicht(er) erfassbar zu machen,
- Gesagtes zu erweitern und zu ergänzen,
- das Behalten bzw. die Merkfähigkeit zu fördern,
- zu Stellungnahmen zu ermuntern und
- die Kreativität zu fördern.

Visualisierungen ermöglichen es, Ergebnisse und Aussagen für jeden sichtbar sofort darzustellen und festzuhalten (z. B. Simultanprotokoll einer Problemlösung). Dadurch entstehen nachträglich keine Schwierigkeiten bei Zusammenfassungen, Dokumentationen und Informationsweitergaben. Individuelle Interpretationen, z. B. beim Verfassen von Protokollen, werden vermieden.

Moderation von Arbeitsgruppen bedeutet daher nicht, den willkürlichen Einsatz von Kartentechniken, sondern die zielgerichtete Steuerung einer Gruppe unter phasenspezifischem Einsatz von Fragetechniken und Instrumenten zur Visualisierung von Problemlösungen vom Zielplakat bis zum konkreten Festhalten von umsetzbaren Maßnahmen im Maßnahmenplan.

## Nachbereitung einer Moderation

Nach der Moderation ist vor der Moderation. Um die Umsetzung der Maßnahmen sicherzustellen, sind folgende Schritte notwendig:

1. **Besprechungs-, Foto- bzw. Videoprotokoll erstellen und verteilen:** Es ist sicherzustellen, dass die Ergebnisse der Moderation für alle Beteiligten zur Weiterbearbeitung unmittelbar zur Verfügung stehen.
2. **Nicht beteiligte** Personen (Vorgesetzte, Mitarbeiter, Kollegen) entsprechend informieren.
3. **Umsetzung der Maßnahmen sicherstellen.**
4. **Aufbereiten der Ergebnisse der Umsetzung.** Bei größeren Themen helfen Statusbericht oder A3-Report (Bild 27). Es geht nicht um lange Berichte, sondern um kurze Beschreibungen des aktuellen Stands. Dies kann auch auf dem Kanban-Board erfolgen.
5. **Sicherstellen der Reviews zur Erfolgsberichterstattung:** Die ersten Reviews zur Abstimmung und Koordination der Maßnahmenumsetzung brauchen etwas mehr Aufmerksamkeit. Erst nach und nach mit der erfolgreichen Umsetzung der ersten Maßnahmen findet die Gruppe ihren Rhythmus und kann sich auch selbst gut steuern.

6. **Verbesserungen kommunizieren:** „Gutes tun und drüber reden", weiß der Volksmund. Das Informieren von unbeteiligten Dritten über Erfolge ist in zweierlei Hinsicht wichtig. Erstens werden die Arbeit und das Engagement derjenigen gewürdigt, die Neues entwickelt, gestaltet und implementiert haben, und zweitens erfahren so Nichtbeteiligte, welches Problem auf welche Weise gelöst wurde. Es hat also Informations- und Motivationscharakter.

Um möglichst früh möglichst viele Personen zu erreichen, sie zu beteiligen und in den Dialog zu kommen, bietet sich als Auftaktveranstaltung eine **Open Space Conference** an. Die 1985 von Harrison Owen entwickelte Methode schafft einen methodischen Rahmen, in dem viele Menschen ihre Ideen zu einem Veränderungsvorhaben einbringen und gemeinschaftlich an Lösungen arbeiten können. Zu Beginn der Veranstaltung werden die Themen auf einem „Themen-Marktplatz" zusammengetragen und gegebenenfalls priorisiert. Die Teilnehmer schließen sich zu Gruppen zusammen.

Open Space hat das Ziel, in kurzer Zeit mit möglichst vielen Menschen das aktuelle Thema lösungsorientiert zu diskutieren, gegenseitiges Verständnis und eine Aufbruchstimmung zu erzeugen, die Handlungsschwerpunkte gemeinsam herauszuarbeiten, Lösungen miteinander zu entwickeln, die Umsetzung zu planen und die nötige Energie für die Realisierung freizusetzen.

# Schritt 7: Meetings agil führen

## WORUM GEHT ES?

Eine Organisation verändert sich ständig. Soll sie sich in eine bestimmte Richtung entwickeln, braucht es eine regelmäßige Reflexion über den Stand und die Wirkung der beschlossenen Maßnahmen. Grundlage dafür sind regelmäßige stattfindende und gut strukturierte (kurze) Besprechungen. Hier wird der Auftrag immer wieder hinsichtlich Ausgangssituation und Zielsetzung reflektiert, das Erreichte konsolidiert und werden nächste Schritte beschlossen. Es geht nicht um lange Sitzungen, sondern um kurze Abstimmungen über konkrete überschaubare Maßnahmen. Sie dienen der Entscheidungsfindung und Konsensbildung. Wie das Wort Abstimmung besagt, soll eine gemeinsame möglichst im Konsens (lateinisch „Zustimmung", „Einwilligung") getroffene Entscheidung gefunden werden.

Die Brücke für das gegenseitige Verständnis und gemeinschaftliche Handeln ist der Austausch (Bild 23). Die gemeinsame Reflexion von Themen, Problemen, Lösungen und Ergebnissen ermöglicht das Angleichen von Sichtweisen und dient dazu, ein **gemeinsames Verständnis** herzustellen.

Je nachdem, wie hoch der **Selbstwert** und das Vertrauensverhältnis der Personen zueinander sind, entwickeln sich Wertschätzung, Kooperation, Innovation und Wachstum. Hier ist allerdings auch der Nährboden für Missverständnisse, Konflikte, Machtspiele und Revierkämpfe.

Besprechungen haben das Ziel, alle Beteiligten wieder auf einen gemeinsamen Informationsstand zu bringen, einen Soll-Ist-Abgleich vorzunehmen und Entscheidungen über das weitere gemeinsame Vorgehen zu treffen. Sie dienen dem

Austausch über durchgeführte Maßnahmen und deren Wirkungen sowie der Koordination von Neugeplantem.

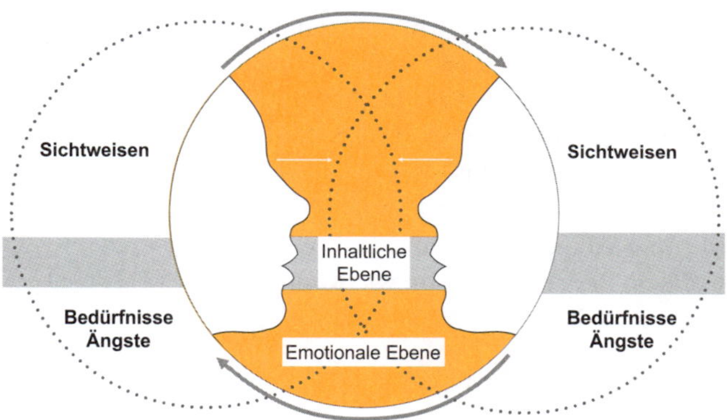


**Bild 23:** *Austausch und Angleichen der Sichtweisen*

Abstimmungen dienen zum Gestalten von Übergängen. Sie sind entscheidend für das Gelingen von Vorhaben jedweder Art. Wichtig ist, dass man sich regelmäßig in einem vereinbarten Rhythmus trifft, der Stand der Aktivitäten reflektiert wird, Fortschritte sichtbar werden und nächste Aktivitäten folgen. Dann können sich Organisationen lebendig (agil) entfalten. Das ist nicht „nice to have", das ist Führung.

Folgende Besprechungen bzw. Meetings sollte es in jeder Organisation geben:

- **Einmal jährlich: Zielfindungsworkshop.** Wo stehen wir? Wohin wollen wir? Was müssen wir dafür tun?
- **Einmal jährlich: Teambildungsworkshop.** Wie arbeiten wir zusammen? Was läuft gut? Wo gibt es Potenziale?
- **Halbjährlich: Zielvereinbarungsgespräch.**

- **Monatlich: Abstimmungsmeetings** für Abteilungen. Wie ist der aktuelle Stand von übergreifenden Themen?
- **Wöchentlich: Jour fixe – Teamtreffen.** Für Teams. Was läuft aktuell gut, wo gibt es Handlungsbedarf?
- **Wöchentliche Projekt- oder Prozessreviews:** Wie ist der aktuelle Status der Projekte und Prozesse?
- **Einzelgespräche wöchentlich:** Aufgabenrücksprache.
- **Täglich kurze Rücksprache 15 Minuten:** Was war gestern? Wer arbeitet heute woran? Wer braucht Unterstützung? Wer kann helfen?
- **Nach Bedarf:** Anleitungs-, Konflikt- bzw. Feedbackgespräch.

### WAS BRINGT ES?

Durch regelmäßiges Innehalten und Reflektieren sowie Planen und Umsetzen von Maßnahmen mit anschließendem Überprüfen und Korrigieren werden die vielen kleinen im Alltag auftretenden Probleme sofort gelöst und häufen sich gar nicht erst zu großen Themenkomplexen an. Fortschritte werden täglich erzielt. Manches erweist sich dabei auch als falsch. Aber: „Umwege erhöhen die Ortskenntnis“, und aus manchem Fehler ergeben sich neue Lösungen. Dieses Vorgehen entspricht unserer natürlichen Lern- und Entwicklungsfähigkeit. Bei konsequenter Anwendung schafft es Stabilität und Flexibilität in der Organisation. Die Organisation verändert sich kontinuierlich und wird so lebendig (agil).

Die regelmäßige Erfolgskontrolle fördert das zeitnahe Erreichen von Etappenzielen. Es wird kontinuierlich überprüft, wie weit die Umsetzung der einzelnen Maßnahmen fortgeschritten ist. Schwierigkeiten können dadurch schnell erkannt und gesteuert werden. Sind die Ziele dann erreicht, werden die Erfahrungen gesichert und Verbesserungen initiiert. Das Erfassen von Daten und das Erfahrungswissen dienen anschließend wieder der Ursachenforschung.

Die regelmäßige Erfolgskontrolle ist ein wirksames Steuerungsinstrument. Hier wird festgestellt, was genau erfolgreich realisiert wurde, aber auch, was nicht funktioniert hat.

Führungskräfte müssen den ganzen Weg zum Ziel im Blick behalten. Für die Motivation der Mitarbeiter aber ist der Fokus immer auf den gerade zurückgelegten und den nächsten Schritt gerichtet. Durch die Würdigung der aktuellen Leistung entsteht Freude und daraus wieder das Bedürfnis, die nächste Herausforderung zu meistern.

Es ist wie beim Besteigen eines Berges. Am erreichten Etappenziel kann man sich stärken und einen Moment innehalten, um sich beim Rückblick über den zurückgelegten Weg zu freuen und beim Vorwärtsschauen zu sehen, dass noch ein gutes Stück Weg vor einem liegt. An dieser Stelle werden auch gleich die konkreten nächsten Schritte geplant.

So haben Meetings gleich mehrere Funktionen:

- **Alle relevanten Personen werden über den Stand der aktuellen Themen informiert.** Jedes Thema wird präsentiert, diskutiert, und dann wird darüber entschieden, wie es weitergeht.
- Das **Erreichen von Zielen spornt an.** Nichts ist so erfolgreich wie der Erfolg. Werden gesteckte Ziele erreicht, setzt sich das körpereigene Belohnungssystem in Gang. Das macht glücklich.
- Die **Würdigung der Leistung** befriedigt das Bedürfnis nach Anerkennung. Das erzeugt Freude.

Die genannten Punkte **motivieren** alle gemeinsam **zu weiteren Aktivitäten** und schärfen den Blick für das Ziel, das Erreichte und den Gemeinschaftssinn.

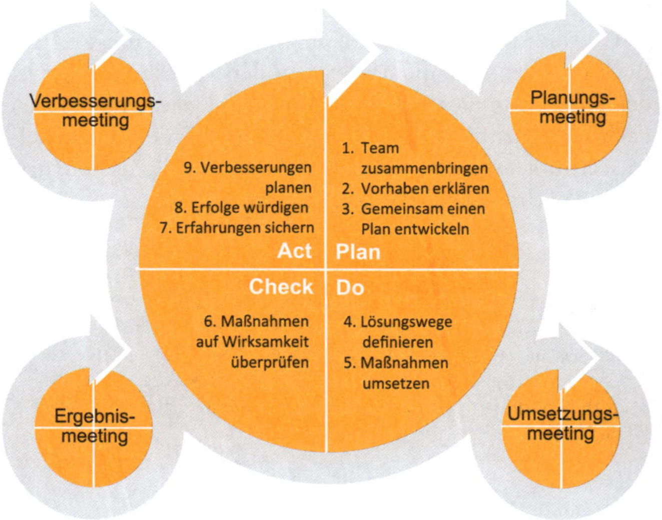

Verbesserungs-meeting
Planungs-meeting
9. Verbesserungen planen
8. Erfolge würdigen
7. Erfahrungen sichern
Act
1. Team zusammenbringen
2. Vorhaben erklären
3. Gemeinsam einen Plan entwickeln
Plan
Check
6. Maßnahmen auf Wirksamkeit überprüfen
Do
4. Lösungswege definieren
5. Maßnahmen umsetzen
Ergebnis-meeting
Umsetzungs-meeting

**Bild 24:** *Besprechungskreisläufe schließen*

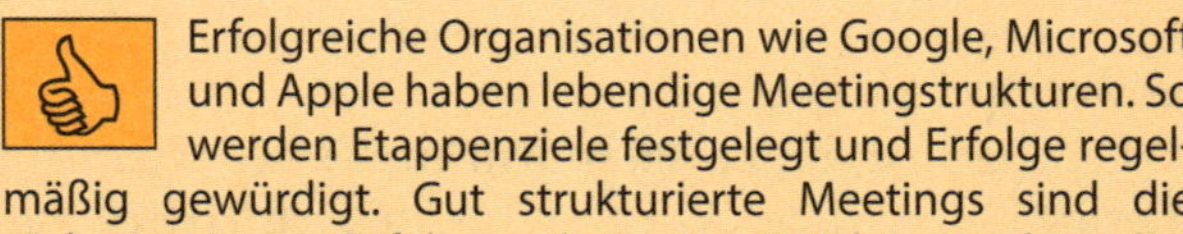

Erfolgreiche Organisationen wie Google, Microsoft und Apple haben lebendige Meetingstrukturen. So werden Etappenziele festgelegt und Erfolge regelmäßig gewürdigt. Gut strukturierte Meetings sind die „Schmiere" zum Erfolg, weil sie eine Brücke zwischen den Menschen bauen.

### WIE GEHE ICH VOR?

Grundsätzlich gilt es, Kreisläufe zu schließen (Bild 24), und zwar vom Zielesetzen bis zum Würdigen der Leistung. In einem Problemlösungszyklus sind mindestens vier Meetingtypen enthalten:

- **Entscheidungsmeeting:** Hier werden die Entscheidungen für übergeordnete Ziele getroffen.
- **Planungsmeeting:** Hier wird die Ausgangssituation gemeinsam konkretisiert, werden Lösungsansätze entwickelt und wird die Umsetzung geplant.
- **Umsetzungsreview:** Hier wird die Umsetzung der Maßnahmen gesteuert.
- **Ergebnisreview:** Hier wird die Umsetzung auf Wirksamkeit überprüft und es findet ein Soll-Ist-Abgleich zwischen geplanten und umgesetzten Maßnahmen statt.
- **Verbesserungsmeeting:** Hier werden die Erfahrungen gesichert und Verbesserungen initiiert.

Jedes Meeting ist auf ähnliche Weise zu strukturieren. Vor- und Nachbereitung einer Besprechung sollten genauso viel Beachtung finden wie die eigentliche Durchführung. Gut ist es, Meetings zu standardisieren und einfache Abläufe zu fixieren.

## Vorbereitung einer Besprechung

Wie bei fast allen Dingen gilt auch für Besprechungen: Gute Vorbereitung erhöht die Erfolgswahrscheinlichkeit (Bild 25).

**Bild 25:** *Besprechung vorbereiten*

### *1. Thema fixieren*

Zur Vorbereitung einer Besprechung gehört zuallererst das Definieren des Themas wie etwa Jour fixe, Abteilungsmeeting, Projekt- oder Prozessreview oder Kick-off-Meeting. Zeitsparend ist das Fixieren von regelmäßig stattfindenden Besprechungen nach Thema monatlich, wöchentlich oder täglich mit festen Terminen und genauer Zeitdauer.

### *2. Ziele und Agenda definieren*

Für die Orientierung und zur optimalen Vorbereitung der Besprechung müssen die Teilnehmer Ziel und Inhalte der Veranstaltung kennen.

### *3. Raum organisieren und vorbereiten*

Je nach Thema, Anzahl der Teilnehmer und zeitlichem Umfang sowie notwendiger Ausstattung muss ein Raum reserviert werden. Man kann sich auch jeden Morgen vor einer Tafel, auf der alle relevanten Informationen stehen, treffen. **Wichtig ist, dass an diesem Ort das relevante Equipment zur Verfügung steht.**

*4. Meeting inhaltlich vorbereiten*

Der Gesprächsleiter klärt, wer wann welchen Beitrag liefern muss, damit die Besprechung ihr Ziel erreichen kann, und gegebenenfalls die Teilnehmer darüber informieren. Wichtige Informationen liefern in der Regel Maßnahmenpläne aus einer vorangegangenen Veranstaltung.

*5. Teilnehmer einladen*

Teilnehmer entsprechend Thema und Zielsetzung einladen und darüber sowie zeitlichen Umfang und Ort informieren. Regelmäßige Meetings haben den Vorteil, dass sie fest im gemeinsamen Kalender fixiert sind. Außerdem gewöhnt der Mensch sich schnell an regelmäßige Termine.

*6. Equipment bereitstellen*

Wichtig für das Gelingen der Besprechung ist auch das Vorhandensein von relevanten Unterlagen und notwendigem technischem Equipment wie z. B. Laptop, Beamer, Pinnwand, Stifte etc. Idealerweise sollten diese Geräte funktionieren. Dafür ist das Testen vor der Besprechung hilfreich. Nichts ist nerviger und zeitraubender als nicht funktionierendes Equipment.

## Durchführung einer Besprechung

Jede Besprechung folgt ähnlich wie bei einer moderierten Veranstaltung einem bestimmten Rhythmus, der in Phasen eingeteilt ist (Bild 26).

**Bild 26:** *Besprechung durchführen*

### *1. Begrüßung und Eröffnung*

Hier wird der Kontakt aufgebaut und werden Ziele der Besprechung sowie der Rahmen geklärt. Eine Agenda auf dem Flipchart ist ein wunderbarer und einfacher Wegweiser für das gesamte Meeting. Es ist gut, die Rollen Moderator, Protokollant und Zeitnehmer aufzuteilen.

Um Besprechungen unter dem Motto „Es wurde schon alles gesagt, aber noch nicht von jedem" von vornherein zu vermeiden und stattdessen eine effektive Gesprächsführung sicherzustellen, ist es notwendig, allgemeingültige **Gesprächsregeln** festzulegen wie:

- Zuhören und ausreden lassen.
- Sachlich und zielgerichtet argumentieren – kurzfassen.
- Keine Ablenkung – z. B. Smartphones, Laptops, Tablets.

### *2. Themenorientierung*

Der Gesprächsleiter gibt die inhaltliche Orientierung vor: Wozu treffen wir uns? Was genau sind die inhaltlichen Ziele des Vorhabens, über das wir jetzt sprechen? Entsprechend den Team-, Projekt- oder Prozesszielen wird an den Stand der letzten Besprechung angeknüpft. Hergestellt wird ein gemeinsamer Wissensstand.

### *3. Ergebnispräsentation*

Die Ergebnisstände der aktuellen Maßnahmen werden entsprechend dem Maßnahmenplan präsentiert und möglichst im Konsens verabschiedet (Bild 22). Sind Themen nicht ausreichend gelöst, müssen sie verbessert werden.

Hier findet der Soll-Ist-Abgleich zwischen den Erfolgskriterien der gesteckten Ziele und den Wirkungen der umgesetzten Maßnahmen statt. Dafür werden die Ergebnisse im Statusbericht festgehalten, komprimierter im A3-Report (Bild 27).

Der **A3-Report** hat sich für die konsequente Aufbereitung von Ergebnissen bewährt. Er stammt aus den 1990er-Jahren und wurde zunächst in der Produktion zur Lösung von Problemen eingesetzt. Seinen Namen erhielt er daher, dass ein DIN-A3-Papier verwendet wurde. Es war das größte Format, was man faxen konnte.

Ganz **kurze** Rücksprachen **(Reviews)** können auch im Stehen (Stand-up-Meeting) an einer Beobachtungstafel (auch Task- oder Kanban-Board genannt) stattfinden. Letzteres ist gesünder und die Teilnehmer sind insgesamt aktiver.

Wichtig ist es, die folgenden Fragen zu beantworten:

- Was genau wurde von und mit wem umgesetzt?
- Was lief gut? Was ist erledigt?
- Was war eher schwierig?
- Wer braucht Unterstützung? In welcher Form?
- Welche neuen Themen ergeben sich?

Titel:

Autor:

Datum:

**1. Hintergrund und Problem beschreiben**

Problem beschreiben
Zahlen, Daten, Fakten zum Verständnis des Problems
Wichtigkeit/Dringlichkeit des Problems

**2. Ausgangssituation erfassen**

Warum ist das Thema ein Thema?
Wann und wo genau tritt das Problem auf?
Wie häufig tritt es auf?
Wer ist davon betroffen?

**3. Ursachen identifizieren**

Ursache

Wirkung

W-Fragen

Ursachen identifizieren

**4. Zielzustand definieren**

Was genau ist das Ziel?
Woran erkennen wir, dass das Ziel erreicht ist?

**5. Geplante Maßnahmen**

| Was? | Wer? | Bis wann? | Status |
|---|---|---|---|
| | | | |
| | | | |
| | | | |
| | | | |
| | | | |
| | | | |

**6. Erfolgskontrolle**

Welches sind die Erfolgskriterien?
Wann wird wo gemessen?
Wie wird gemessen?
Wer misst?

**7. Standardisierung und Erkenntnisse**

Was ist gut gelaufen?
Was können wir übernehmen und standardisieren?
Was ist nicht so gut gelaufen?
Wie gehen wir damit um?

**Bild 27:** *A3-Report*

Es wird geprüft ob und wie die festgelegten Ziele erreicht wurden. In allen Schritten gilt **„Weniger ist mehr"** und **„Was nicht auf eine Seite passt, ist weder durchdacht noch entscheidungsfähig"** (Dwight D. Eisenhower).

*4. Lösungsfindung*

Treten Schwierigkeiten bei der Umsetzung auf oder ergeben sich andere offene Themenstellungen, muss das Problem wieder systematisch auseinandergelegt werden. Dabei helfen wieder die folgenden Fragen:

1. **Thema:** Worum geht es?
2. **Problem:** Warum ist das Thema ein Thema? Was genau ist wo genau wann ... vorgefallen?
3. **Ziel:** Wie soll es idealerweise sein? Woran erkennen wir, dass das Ziel erreicht ist?
4. **Hindernisse:** Welche Hindernisse gibt es?
5. **Interessengruppen:** Wer ist betroffen?
6. **Maßnahmen:** Was genau sind die nächsten Schritte?

Problemlösungen in großer Runde herbeizuführen ist immer schwierig. Es ist besser, diese in Einzelarbeit oder in Gruppen bis maximal fünf Personen vorzubereiten, dann die Ergebnisse zu präsentieren und sie anschließend zu diskutieren.

*5. Umsetzungsplanung*

Das Ergebnis dieser Phase sind Vereinbarungen (Entscheidungen) und konkrete Aufgaben (Maßnahmen), die entsprechend im Maßnahmenplan (Was tut wer mit wem bis wann?) festgehalten werden. Spätestens jetzt sollte auch der nächste Termin für die Folgebesprechung feststehen. Es ist sicherzustellen, dass alle darüber informiert sind, wo die für die Weiterbearbeitung der Themen relevanten Unterlagen abgelegt werden bzw. abgerufen werden können.

*6. Abschluss*

Der Gesprächsführer fasst den Ablauf der Besprechung zusammen und hebt idealerweise die erfolgreichen Ergebnisse und den positiven Verlauf hervor. Er sorgt dafür, dass alle damit zufrieden sind, und schließt die Runde.

*Abstimmungen im Konsens*

Ähnlich wie bei einem von einem Moderator durchgeführten Workshop ist die Besprechung eine Abstimmung und gemeinsame Entscheidungsfindung im Konsens. Der Gesprächsführer führt die Gruppe zu gemeinsam getragenen Ergebnissen. Alle sollten glaubhaft den Ergebnissen und neu aufgeworfenen Themen zustimmen.

Es zeichnet sich ein ähnlicher Verlauf wie bei der Moderation ab. Nach jeder Phase muss Konsens über die besprochenen Inhalte hergestellt werden:

1. Die **Eröffnungsphase** endet mit dem Zustimmen der Teilnehmer über Ziel und Rahmen der Besprechung. (Sind alle mit dem Ziel und der Agenda einverstanden?)
2. Nach der **Themenorientierung** sind alle Teilnehmer auf einem einheitlichen Informationsstand. (Sind jetzt alle Fragen zum inhaltlichen Ziel geklärt?)
3. Nach der **Ergebnispräsentation** ist ein Konsens bezüglich des Ergebnisstands hergestellt. (Sind alle mit den vorgestellten Ergebnissen in der Form einverstanden?)
4. Nach der **Lösungsfindung** sind alle mit den neuen Themen einverstanden. (Was genau sind die offenen Fragen und nächsten Schritte? Sind alle damit einverstanden?)

5. Nach der **Umsetzungsplanung** sind alle Maßnahmen im Konsens verabschiedet. (Weiß jeder, für welche Maßnahmen er zuständig ist und was zu tun ist?)
6. Zum **Abschluss** sollten alle mit dem Ergebnis und Verlauf zufrieden sein. (Sind alle mit dem Ergebnis und dem Verlauf der Besprechung einverstanden?)

Jede Abstimmung reduziert die Unsicherheit und schafft hoffentlich Zufriedenheit mit dem Erreichten. Widerstände, Konflikte und Machtspiele werden reduziert. Sie entstehen durch Intransparenz und dem Gefühl von Ohnmacht.

**Regeln für Besprechungen**

- Jede Besprechung hat einen konkreten Zweck und eine Agenda, die inhaltlich und zeitlich eingehalten wird.
- Besprechungen werden im Terminsystem mit Verantwortlichkeiten verankert.
- Es gibt ein einheitliches Ablagesystem für alle relevanten Besprechungsdokumente.
- Es gibt einen Verantwortlichen für die Besprechung. Er sorgt für Vorbereitung, Durchführung und Nachbereitung.
- Themen werden im Konsens verabschiedet, irrelevante Themen werden entsprechend (de)platziert.
- Ganz wichtig: Zeiten werden eingehalten.
- Das Ziel der Veranstaltung wird erreicht.
- Inhalte werden einfach (auf einer Seite) aufbereitet.
- Jedes Meeting endet mit konkreten im Maßnahmenplan festgehaltenen Aufgaben (Wer? Was? Bis wann?).
- Im Folgemeeting werden Ergebnisse präsentiert und besprochen, weiterführende Ideen diskutiert und Entscheidungen möglichst im Konsens getroffen.
- In jedem Meeting gibt es folgende Verantwortlichkeiten: Moderator, Protokollant, Zeitnehmer.

## Nachbereitung einer Besprechung

Nach der Besprechung ist vor der Besprechung. Um die Umsetzung des Besprochenen sicherzustellen, ist es wichtig, dass alle relevanten Personen, die die Informationen brauchen, Zugriff auf die Besprechungsergebnisse bekommen (Bild 28).

**Bild 28:** *Besprechung nachbereiten*

### *1. Protokoll bereitstellen*

Das wichtigste Dokument zur pünktlichen Umsetzung von Maßnahmen ist der Maßnahmenplan bzw. Besprechungsprotokoll. Es gibt nach wie vor unterschiedliche Wege zur Verteilung: in Form von Papier für jeden Teilnehmer, über E-Mail, auf einem gemeinsamen Laufwerk oder idealerweise über kollaborative Software (Software für die Zusammenarbeit wie Jira, Open Xchange, SharePoint, etc.).

### *2. Erinnerungsmail versenden*

Es sollte zwar selbstverständlich sein, dass die Teilnehmer die Maßnahmenpläne eigenständig abrufen. Häufig jedoch wird das im Alltag vergessen und ein Anstupser in Form einer

Erinnerungsmail mit entsprechenden Informationen zur Ablage etc. motivieren ohne großen Aufwand zur Umsetzung.

*3. Nichtbeteiligte informieren*

Häufig sind Nichtbeteiligte wie Führungskräfte, Mitarbeiter oder Kollegen abhängig von den Informationen der Besprechung. Es ist wichtig, hier möglichst umgehend die relevanten Informationen weiterzugeben.

*4. Maßnahmen umsetzen*

Sind die Maßnahmen so weit heruntergebrochen, dass sie leicht umsetzbar sind, werden sie in der Regel umgehend umgesetzt. Häufig jedoch sind die Maßnahmen eher große Brocken, die erst auseinandergelegt werden müssen. Das fällt vielen tatsächlich schwer. Sie wissen nicht genau, wie sie den Brocken zerlegen sollen, und scheuen sich, ihn anzupacken. Gut wäre es dann, sich Hilfe zu holen und gemeinsam durch die Problemlösungsfragen zu gehen.

*5. Ergebnisse aufbereiten*

Damit man nachher auch noch weiß, was man geschafft hat, und den anderen das auch anschaulich vermitteln kann, ist es wichtig, die Ergebnisse der Umsetzung in Zahlen, Daten, Fakten, aber auch mit Bildern und Beispielen zusammenzufassen und anschaulich aufzubereiten.

*6. Informationen bereitstellen*

Zum Schluss werden die Informationen über die umgesetzten Maßnahmen für die nächste Besprechung oder gegebenenfalls für andere, die den Fortschritt beobachten wollen oder Entscheidungen treffen müssen, bereitgestellt werden.

Nichts ist so motivierend wie das Erreichen von Zielen und die Erfahrung, dass man es schaffen kann.

Besprechungen kultivieren den Wandel, denn hier schließt sich der Kreis. An den (Zwischen-)Etappen werden Zwischenergebnisse sowie Lösungswege präsentiert, wird Konsens über das weitere Vorgehen hergestellt und werden Entscheidungen getroffen.

Steve Jobs beschreibt in einem Interview auf der All Things Digital: D8 Conference 2010 was Apple erfolgreich macht: „Einer der Schlüssel für den Erfolg von Apple ist, wir sind organisiert wie ein Start-up-Unternehmen. Es gibt Verantwortlichkeiten für die unterschiedlichen Produkte und Unterthemen. ... Wir treffen uns einmal pro Woche für drei Stunden und sprechen über alles, was wir tun, das ganze Geschäft. Es ist eine außergewöhnliche Teamarbeit an der Spitze, die sich als außergewöhnliche Teamarbeit durch das ganze Unternehmen zieht. Teamwork bedeutet, den anderen zu vertrauen, dass sie ihren Teil der Aufgabe erledigen ohne dauernd danach zu schauen. Stattdessen muss man ihnen vertrauen. Das ist es, was wir gut können. In diesem Team sind wir großartig im Aufteilen von Aufgaben, so dass alle an dem gleichen Thema arbeiten können bis hin zur Basis. Wir bringen alles zusammen in ein Produkt. ... Ich treffe jeden Tag Gruppen von Menschen mit denen ich an Ideen arbeite und Problem löse.“ Interview mit Walt Mossberg https://www.youtube.com/watch?v=9jZi2waofq8

# Schritt 8: Wandel kultivieren

## WORUM GEHT ES?

Kultur (von lateinisch *cultura* = „Anbau", „Bearbeitung" oder „Pflege") bedeutet: das vom Menschen gestaltend Hervorgebrachte im Gegensatz zum natürlich Gewachsenen. Wandel kultivieren bedeutet, dass jeder Einzelne in der Organisation tagtäglich in Strukturen aktiv mitwirkt, in denen gemeinsam Werte geschaffen sowie Arbeitsabläufe regelmäßig verbessert werden und das gemeinsame Handeln immer wieder justiert wird. Das erfordert neben dem ständigen Wiederholen und Verfeinern der sieben zuvor beschriebenen Schritte einen Reifungsprozess für jeden Einzelnen.

Dazu gehören das regelmäßige Reflektieren des eigenen Verhaltens und die ständige Verbesserung der Selbstführung.

## WAS BRINGT ES?

Führungskräfte haben hier eine Vorbildfunktion. Je besser das eigene Selbstwertgefühl ausgeprägt ist, desto wertschätzender können sie mit anderen umgehen. Nur durch Wertschätzung entwickelt sich ein vertrauensvoller Umgang miteinander. Auf dieser Basis lassen sich wirklich neue Wege gestalten und gehen.

Der Managementguru PETER F. DRUCKER (1909–2005) brachte das wie folgt auf den Punkt: „Wenn ein Manager sich nicht selbst führen kann, werden ihn keine Fähigkeit, Fertigkeit, Erfahrung und kein Wissen zu einem leistungsfähigen Manager machen."

Selbstführung ist eine an Prinzipien orientierte Lebensphilosophie. Ziel ist es, zu persönlicher Sicherheit, Klarheit und Ausstrahlung zu gelangen. Nur wer bereit ist, sich seinen

Ängsten und damit verbundenen Verteidigungsstrategien zu stellen, wird sich auch tatsächlich entwickeln. „Ich habe gelernt, dass Mut nicht das Fehlen von Angst ist, sondern der Sieg über sie. Ein mutiger Mensch ist nicht der, der keine Angst fühlt, sondern derjenige, der diese Angst besiegt", fand Nelson Mandela.

## WIE GEHE ICH VOR?

Für die Selbstführung ist wichtig (Bild 29):

1. Das Ziel vor Augen haben.
2. Sich auf das Wesentliche konzentrieren.
3. Dranbleiben, vereinfachen und loslassen
4. Wertschätzend denken und handeln.

**Bild 29:** *Selbstführung*

## Das Ziel vor Augen haben

Die großen Visionäre von Johannes Gutenberg bis Steve Jobs, von Martin Luther bis Nelson Mandela, von Leonardo da Vinci bis Albert Einstein haben ein paar Eigenschaften gemeinsam, die sie von anderen unterscheidet:

- Sie haben sich vorgestellt, was sein könnte, und daraus eine Vision geformt (**Vorstellungskraft**).
- Sie folgten ihrer Vision konsequent (**Beharrlichkeit**).
- Sie vertrauten ihrer inneren Stimme (**Eingebung**).
- Sie haben Prioritäten gesetzt und die richtigen Entscheidungen getroffen (**Entscheidungsfähigkeit**).
- Sie haben uns etwas hinterlassen, das einen Einfluss auf unser heutiges Leben hat (**Schöpfungskraft**).

Sie haben die Welt verändert. Ihre Entdeckungen, Erfindungen oder Botschaften haben einen Einfluss auf unser heutiges Leben. Wir können sie akzeptieren oder auch nicht, aber wir können sie nicht ignorieren.

Alles Neue entsteht zunächst in unserer Fantasie. In Verbindung mit der Hoffnung, dass es tatsächlich möglich ist, und dem Mut, neue Wege zu gehen, können wir es wahr werden lassen. Leitsätze geben Orientierung für das Verwirklichen der eigenen Ziele und das eigene Verhalten besonders in Entscheidungssituationen. Steven Covey schlägt dafür vor, sie entsprechend den verschiedenen Rollen, die man im Leben einnimmt, zu formulieren:

1. Schreiben Sie alle Rollen auf, die Sie in Ihrem Leben einnehmen. Wo tragen Sie Verantwortung für sich und für andere?
2. Filten Sie daraus fünf Schlüsselrollen (aus den Bereichen Gesundheit, Familie, Beruf, Freizeit, Engagement).

3. Identifizieren Sie für jede Rolle eine Schlüsselperson (z.B. der Sohn als die Schlüsselperson für den Vater).
4. Stellen Sie sich als Nächstes Ihren 80. Geburtstag vor. Schreiben Sie für jede Rolle eine Laudatio, eine kurze Aussage, die das beschreibt, was jede Schlüsselperson über Sie sagen sollte. Formulieren Sie eine kurze, prägnante Aussage wie eine Headline in der Zeitung.
5. Sie können anschließend weitere Meilensteine Ihres Lebens (z.B. Geburtstage oder Jubiläen) definieren, wie und mit wem sie diese feiern wollen. Welche Erfolge würden Sie gerne feiern? Visualisieren Sie diese detailreich. Auf diese Weise kommt man zu lang- und mittelfristigen Zielen bzw. zur Formulierung einer wünschenswerten Zukunft oder eines entsprechenden Ideal- oder Traumbildes.

Die Leitsätze beschreiben, was einem wirklich am Herzen liegt. Damit bekommt das eigene Leben eine klare Ausrichtung. Lassen Sie sich inspirieren von Ihren Vorbildern.

Jack Welch, der legendäre CEO von General Electric orientierte sich an folgenden Leitsätzen:

- Control your destiny or someone else will.
- Face reality as it is, not as it was or as you wish it were.
- Be candid with everyone.
- Don't manage, lead.
- Change before you have to.
- If you don't have a competitive advantage, don't compete.

## Sich auf das Wesentliche konzentrieren

„Zeit kann man nirgendwo mieten, kaufen oder anderweitig besorgen. Das Angebot an Zeit ist völlig unelastisch. Einerlei, wie hoch die Nachfrage, das Angebot lässt sich nie vermehren. Zeit ist völlig unersetzlich", befand der Managementvordenker PETER F. DRUCKER.

Der zielgerichtete Umgang mit Zeit ist eine wichtige Fähigkeit für das Realisieren von Visionen. Es ist die Fähigkeit, die richtigen Prioritäten zu setzen und sich auf das zu fokussieren, was uns dem Ziel näher bringt.

Nach DWIGHT D. EISENHOWER lassen sich alle Aufgaben nach **Dringlichkeit** und **Wichtigkeit** einteilen. **Dringend** heißt, etwas bedarf sofortiger Aufmerksamkeit. **Wichtig** ist alles, was dem Erreichen der Vision dient.

Sortieren Sie Aufgaben, die über den Tag an Sie herangetragen werden, nach den in Tabelle 1 dargestellten Fragen.

| Fragen | Wenn die Antwort Nein ist |
|---|---|
| Ist diese Aufgabe wichtig? | **Eliminieren.** Was kann ich tun, damit diese Aufgabe nicht mehr auftaucht? |
| Ist diese Aufgabe dringend? | **To-do-Liste.** Bis wann muss sie erledigt werden? Was kann ich tun, damit diese Aufgabe zukünftig keinen Zeitdruck mehr erzeugt? |
| Muss ich diese Aufgaben selbst erledigen? | **Delegieren.** Wer kann die Aufgabe bestmöglich erledigen? |

**Tabelle 1:** *Aufgaben nach Wichtigkeit sortieren*

Sich auf das Wesentliche konzentrieren lässt sich wie folgt zusammenfassen:

- *Sich gesund halten*
  - Ausreichend schlafen.
  - Regelmäßig Sport treiben und meditieren.
  - Täglich zwei Liter Wasser trinken und gesund essen.
- *Den Tag planen*
  - Morgens die für den Tag wichtigsten Themen planen.
  - 50 : 10-Regel: 50 Minuten arbeiten, zehn Minuten entspannen.
  - Täglich mindestens zehn Minuten den Tag reflektieren.
- *Beziehungen pflegen*
  - Zeit mit der Familie verbringen.
  - Regelmäßig mit Kollegen essen gehen.
  - Regelmäßig mit Freunden austauschen.
- *Glücklich leben*
  - Zeit für Lieblingsbeschäftigungen.
  - Dankbar sein für das, was gerade ist.
  - Mal nichts tun, einfach Natur und Leben genießen.

STEVE JOBS sagte im Commencement Speech 2005 an der Stanford University: „Ihre Zeit ist begrenzt! Vergeuden Sie nicht Ihre Zeit damit, dass Sie das Leben eines anderen leben. Sie müssen herausfinden, was Sie lieben. … Also suchen Sie, bis Sie finden! Lassen Sie nie nach! Lassen Sie sich nicht von Dogmen einengen. Dogmen sind das Ergebnis des Denkens anderer Menschen. Lassen Sie nicht zu, dass der Lärm fremder Meinungen Ihre eigene innere Stimme übertönt. Und vor allem haben Sie Mut, Ihrem Herzen und Ihrer Intuition zu folgen."
https://www.youtube.com/watch?v=UF8uR6Z6KLc

## Konsequent vereinfachen

„Das ist eines meiner Mantras – Fokus und Einfachheit. Einfach kann viel schwieriger sein als komplex. Man muss hart daran arbeiten, sein Denken sauber zu bekommen, um es einfach zu machen. Aber die Mühe lohnt sich, wenn man es erst einmal geschafft hat, kann man Berge versetzen", lautet ein weiteres Zitat von Steve Jobs.

Fokus beginnt mit der Ordnung auf dem (digitalen) Schreibtisch. Das befreit den Blick für das Wesentliche und drückt unsere Wertschätzung dem gegenüber aus, was uns umgibt. Genauso, wie man das Wichtige vom Dringenden unterscheidet, kann man auch die wichtigen von den unwichtigen (oder unnötigen) Dingen trennen und entsprechend verabschieden.

Unnötige Dinge kosten Zeit und damit Geld oder Energie. Diese gilt es, zu identifizieren und anschließend zu eliminieren. Es gibt immer eine Reihe von Gewohnheiten oder Anschaffungen, die irgendwann einmal sinnvoll und nützlich waren. Inzwischen hat sich jedoch vieles verändert und es wird manches einfach nicht mehr gebraucht.

**Typische Verschwendungen im Büro**

- **Unordnung am Arbeitsplatz** versperrt den Blick für das Wesentliche. → Clean Desk Policy.
- Das größte Problem im Bürobereich ist die **Informationsflut** (z. B. E-Mails). → Eine einfache Regelung zur E-Mail-Kommunikation schafft Erleichterung.
- **Unstrukturiertes Ablegen von Daten** z. B. auf Festplatten, Servern oder in Schränken verstopft den Zugang zu wichtigen Informationen. → Aufräumaktion durchführen und Regeln für Ablagesysteme schaffen.

- **Papierverschwendung durch Ausdrucken und Kopieren.** Papierloses Büro.
- **Unklare Aufträge und fehlende Auftragsklärung** führen zu Doppelarbeit und Zeitverschwendung. → Aufträge konsequent klären (siehe Seite 32)
- Zu viele und **schlecht geplante Besprechungen** kosten Zeit und führen zu Missstimmung. → Besprechungen agil führen (siehe S. 100)

**Bild 30:** *Verschwendungen im Büro*

Veränderung beginnt bei den kleinen Dingen, die sich gegebenenfalls aufhäufen und den Alltag vermüllen, verkleben und den Blick auf die wirklich wichtigen Dinge verstellen. Schaffen Sie Freiraum und bleiben Sie dran!

## Wertschätzend denken und handeln

Wertschätzung ist unser zentrales Bedürfnis. Sie beginnt mit der Aufmerksamkeit, die wir einem anderen Menschen entgegenbringen, und entsteht aus einer inneren Haltung, die aus dem eigenen Selbstwert erwächst. Ab dem Moment, wo man sich auf Augenhöhe begegnet, man Vereinbarungen trifft, die auf gegenseitigem Respekt beruhen und die durch Dankbarkeit gewürdigt werden, entsteht Wertschätzung, die den Selbstwert beider Personen nährt.

Es geht nicht darum, Probleme zu vermeiden, sondern bewusst sich selbst, den anderen und die Situation wahrzunehmen, sodass man eben nicht in Verteidigungshaltungen verfällt (siehe Bild 3, S. 21). Das Maß an Wertschätzung, das man einem anderen entgegenbringt, korreliert mit dem eigenen Selbstwert und drückt sich in wertschätzender Kommunikation aus. Dazu gehört:

- Sich selbst, den anderen und die Situation wahrnehmen.
- Anderen die volle Aufmerksamkeit schenken, wenn man zu ihnen in Beziehung tritt.
- Sich der Botschaften des eigenen Verhaltens (Kommunikation, Körper) bewusst sein.
- Sich der eigenen Verteidigungs-, Abwehr- und Bewältigungsstrategien bewusst werden und das eigene Verhalten kontinuierlich verbessern (siehe S. 23).

Wir neigen oft dazu, zu antworten, bevor wir zu Ende zugehört haben, und reagieren auf Basis unserer Wahrnehmungsfilter. Das Gegenüber kann sich dabei nicht richtig verstanden fühlen und baut eine Mauer aus Ärger und Misstrauen auf.

Regelmäßiges Feedback verbessert Stück für Stück die (Selbst-)Wahrnehmung. Entsprechend der ABC-Analyse nach Albert Ellis nehmen wir etwas wahr, interpretieren und bewerten das Wahrgenommene:

A. **Wahrnehmen: Was genau habe ich am anderen wahrgenommen?**
   Der Feedbackgeber beschreibt durch Ich-Botschaften, was er als positiv oder negativ aus seiner Sicht bei seinem Gesprächspartner wahrgenommen hat, das heißt, was er gesehen und gehört hat: „Ich habe wahrgenommen …"
B. **Interpretieren: Wie habe ich das Wahrgenommene interpretiert?**
   Alles, was wir wahrnehmen, interpretieren wir (z. B. „Der andere hat mich nicht verstanden", „Er hat mir nicht zugehört", „Er nimmt mich nicht ernst"). Interpretationen sind schwer zu vermeiden. Wichtig ist es, sich dessen bewusst zu werden, dass jedes wahrgenommene Verhalten individuell interpretiert wird und diese Interpretation falsch sein kann. Um über die Wahrnehmung und Interpretation sprechen zu können, sind diese in der Ich-Form zu formulieren: „Ich habe vermutet, dass …"
C. **Emotionales Bewerten: Wie habe ich reagiert?**
   Auf Basis der Interpretation entstehen Emotionen wie Ärger, Wut, Mitleid oder Eifersucht. Emotionen unterliegen nicht der Beurteilung „richtig" oder „falsch", sondern sie entstehen ganz schnell. Der Feedbackgeber formuliert an dieser Stelle die Wirkung, die das Verhalten des anderen auf ihn hatte, z. B.: „Das hat mich gefreut" oder: „Das hat mich wütend gemacht."

Hält man diese drei Vorgänge (Wahrnehmen, Interpretieren und Bewerten) auseinander, entsteht Klarheit über die eigenen Wahrnehmungsmuster, die Kommunikation wird wertschätzender, Raum für Reflexion entsteht und Veränderung wird möglich.

**Fünf Freiheiten – formuliert von Virginia Satir**

1. Die Freiheit, zu sehen und zu hören, was im Moment tatsächlich zu sehen und zu hören ist, statt zu sehen und zu hören, was sein sollte, was war oder sein wird.
2. Die Freiheit, zu sagen, was man fühlt und denkt, statt zu sagen, was man meint, darüber sagen zu müssen.
3. Die Freiheit, zu fühlen, was man fühlt, statt etwas anderes vorzutäuschen.
4. Die Freiheit, um das zu bitten, was man möchte, statt immer auf die Erlaubnis dazu zu warten.
5. Die Freiheit, um der eigenen Interessen willen Risiken einzugehen, statt sich dafür zu entscheiden, auf Nummer sicher zu gehen und nichts Neues zu wagen.

Also fangen Sie an, egal, an welcher Position Sie sind. Veränderung ist immer und überall möglich, jeden Tag aufs Neue. Bleiben Sie dran. Lassen Sie sich nicht entmutigen, sondern ermutigen Sie sich und Ihre Mitmenschen zum Anpacken, Wegräumen und Klären alter Muster. Finden Sie gemeinsam neue Lösungen, die unsere Welt zu einer besseren werden lassen.

Viel Erfolg auf Ihrer Reise. Bleiben Sie neugierig und lassen Sie sich nicht von scheinbar unüberwindbaren Hindernissen abschrecken. Das sind Chancen bzw. Schätze für Veränderung. Nur wer sich selbst überwindet, ist unbesiegbar.

# Literatur

Carlin, John: Der Sieg des Nelson Mandela. Wie aus Feinden Freunde wurden. Freiburg: Herder 2008.

Deming, W. Edward: Out of the crisis. Cambridge/MA: The MIT-Press 1986.

Drucker, Peter: Praxis des Management: Düsseldorf: Econ 1965.

Gladwell, Malcom: Überflieger. Warum manche Menschen erfolgreich sind – und andere nicht. Frankfurt/M.: Campus 2009.

Isaacson, Walter: Steve Jobs. Die autorisierte Biografie des Apple-Gründers. München: btb 2012.

Kostka, Claudia: Change Management. Hanser 2016.

Kostka, Claudia; Kostka, Sebastian: Der kontinuierliche Verbesserungsprozess. Hanser 2017.

Kotter, John P.: Leading Change. Wie Sie Ihr Unternehmen in acht Schritten erfolgreich verändern. München: Franz Vahlen 2011.

Lewin, Kurt: Group decision and social change. Readings in social psychology. New York: Henry Holt 1952.

Mandela, Nelson: Der lange Weg zur Freiheit. Fischer, 20. Auflage 2014.

Ohno, T.: Das Toyota-Produktionssystem. Frankfurt/M.: Campus 1993. Japanische Erstausgabe 1978.

Osterwalder, Alexander; Pigneur, Yves: Business Model Generation. Frankfurt/M.: Campus 2011.

Satir, Virginia; Banmen, John; Gerber, Jane; Gomori, Maria: Das Satir-Modell. Familientherapie und ihre Erweiterung. Paderborn: Junfermann 2000.

Whelehan, Scott: Capturing a moving target. Change management. In: Consultants News März 1995, S. 2–5.

Womack, James P.; Jones, Daniel T.; Roos, Daniel: Die zweite Revolution in der Automobilindustrie. Konsequenzen aus der weltweiten Studie des Massachusetts Institute of Technology. Frankfurt/M.: Campus 1992.